畅游网络世界

卓越文化 编著

電子工業出版社·
Publishing House of Electronics Industry
北京 · BEIJING

内 容 简 介

本书是《老年电脑通》系列图书之一。本书编委会通过对中老年朋友学习电脑的特点进行仔细调查和分析，经过长期潜心研究和精心编写而推出本书。

本书主要介绍了电脑上网的基本操作和应用实例，主要包括上网冲浪起步、轻松浏览网页、想要什么就搜什么、"鼠"不尽的资源下载、与亲友互发邮件、广交天下友朋、网络视听盛宴、网络人文休闲、网络时尚直通车以及休闲游戏玩不停等。

全书语言浅显易懂，讲解详细生动，知识点讲解采用情景对话模式作为引导，让你很快融入到学习环境中。写作过程中贯穿丰富的对话和小栏目，使学习过程变得更加轻松。在每章结尾提供"活学活用"和"疑难解答"两大版块，用于帮助读者巩固所学知识和自我提高。

本书可作为老年电脑初学者的启蒙老师，面向刚接触电脑的中老年朋友和离退休人员，也可作为老年大学、老年电脑培训班的辅助教材。

图书在版编目（CIP）数据

畅游网络世界／卓越文化编著.—北京：电子工业出版社，2009.1
　（老年电脑通）
ISBN 978-7-121-07528-5

I. 畅…　Ⅱ.卓…　Ⅲ.计算机网络 – 基本知识　Ⅳ.TP393

中国版本图书馆 CIP 数据核字（2008）第 157071 号

责任编辑：郝志恒　李　锋
印　　刷：北京东光印刷厂
装　　订：三河市鹏成印业有限公司
出版发行：电子工业出版社
　　　　　北京市海淀区万寿路173信箱　　邮编：100036
开　　本：787×1092　　1/16　　　印张：16.5　　　字数：253千字
印　　次：2009年1月第1次印刷
定　　价：35.00元（含光盘一张）

凡所购买电子工业出版社图书有缺损问题，请向购买书店调换。若书店售缺，请与本社发行部联系，联系及邮购电话：（010）88254888。

质量投诉请发邮件至zlts@phei.com.cn，盗版侵权举报请发邮件至dbqq@phei.com.cn。

服务热线：（010）88258888。

给中老年朋友的一封信

亲爱的中老年朋友：

　　您是否有过这样的烦恼：作为某老年协会的负责人，您常常需要打印一些通知或信函，但苦于自己不会电脑，不得不经常麻烦隔壁的小张或小王；抑或者同学会后好友请您将所拍的数码照片用"伊妹儿"发给他，而您却一筹莫展；再或者儿子和孙子围在电脑前玩得不亦乐乎，而自己却不明所以，此时您会想，电脑真的那么有趣吗？

　　针对中老年朋友的学习特点和当前电脑的流行应用，我们精心策划和编写了本套丛书。我们的理念是：以最轻松有效的方法，将最实用的知识传授给读者。在教学方式和方法上，本套丛书具有如下特点：

★ 精选内容、讲解细致

　　重点介绍初学者必须掌握的、最适用的技能，让您的学习更有目的。本套丛书语言通俗易懂，由浅入深，让读者能轻松上手。在讲解时力求细致、全面，确保读者不是一知半解、模棱两可。

★ 情景对话、图解操作

　　本套丛书采用情景对话模式对知识点进行引导，使内容更加生动活泼。在每章结尾提供"活学活用"和"疑难解答"两大版块，用于帮助读者巩固所学知识。本套丛书主要采用"图解操作"的模式，操作与图解一一对应，让读者能快速定位。部分图片上还标注说明文字，引导读者进行操作，让读者体会到教学过程的无微不至。

★ 书盘结合、互动教学

　　本套丛书配套提供交互式多媒体教学光盘，从而形成一个立体的教学环境。书盘结合、互动教学，不但易于理解，而且实现了多媒体教学与自学的互动组合，从而使读者无师自通。

　　相信在本套丛书的指引下，在您"活到老，学到老"的信念激励下，电脑将很快被您征服。当您熟练地操作电脑时，当同龄伙伴们投来羡慕的目光、儿孙们投来惊诧的目光时，您会感觉到成为一名老年电脑通是一件多么幸福的事情！

　　最后，本书所有编委祝您学习愉快，身体健康！

光盘内容及使用方法

本书配套的多媒体光盘内容包括打字练习和视频教学两部分，其中，打字练习部分可以帮助读者快速提高打字水平；视频教学部分采用交互式场景教学，能带您融入轻松的学习环境。

使用时将配套光盘放入光驱，光盘会自动运行，待播放完"电子工业出版社"和"华信卓越"两段短暂的片头之后，进入光盘的主界面，优美的画面和轻快的音乐将让您顿时感觉心旷神怡。

 如果光盘没有自动运行，可在"计算机"窗口（若操作系统为 Windows XP，则为"我的电脑"窗口）中双击光驱盘符，然后双击"AutoRun"文件进行播放。

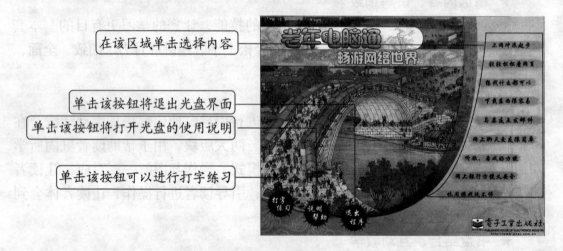

在该区域单击选择内容

单击该按钮将退出光盘界面

单击该按钮将打开光盘的使用说明

单击该按钮可以进行打字练习

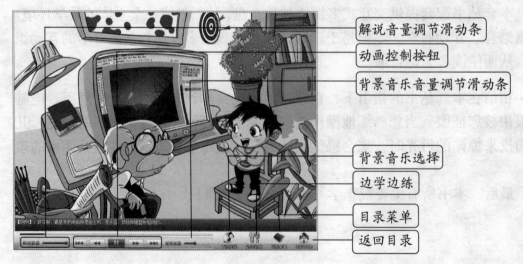

解说音量调节滑动条

动画控制按钮

背景音乐音量调节滑动条

背景音乐选择

边学边练

目录菜单

返回目录

目　录

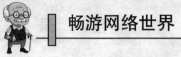畅游网络世界

第1章
上网冲浪起步

本章热点：

★ 文件管理基础知识
★ 什么是因特网
★ 因特网能做什么
★ 怎样接入因特网

> 明明放学了啊！今天家里的宽带网装好了。你爸说让我无聊的时候上网解解闷！可我这把年纪什么都不懂。到底什么是上网？上网难学吗？

> 爷爷，上网就是将家里的电脑和外面的世界连接起来。虽然您上了年纪，但是上网一点都不难。有我明明在，爷爷您就放心吧！我一定会把您教会的！

1.1 什么是因特网

因特网又称为国际互联网，它将分布在世界各地的难以计数的电脑和成千上万个子网络连接起来。它是目前世界上覆盖范围最广的电脑网络，也是一个超大型的信息资源库。

通过因特网，任何人都能够自由自在地发表言论、结交天下朋友、浏览即时新闻、与世界各地的好友共享资源、收听喜爱的戏曲和评书等。

 小知识：因特网是由许多子网络互联而成，每个子网络中都连接着若干台电脑，这些电脑之间采用了一些公用的协议，并通过公共网络实现通信，以进行资源共享。

1.2 因特网能做什么

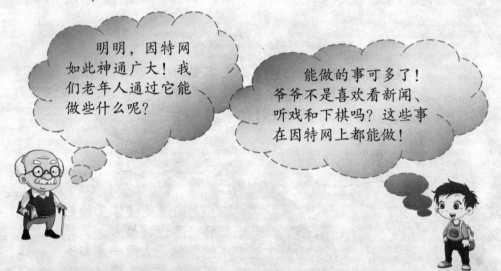

明明，因特网如此神通广大！我们老年人通过它能做些什么呢？

能做的事可多了！爷爷不是喜欢看新闻、听戏和下棋吗？这些事在因特网上都能做！

随着因特网的飞速发展，它几乎渗透到了我们生活中的每个角落，从商务办公到休闲娱乐都离不开它。对于老年朋友来说，则可以通过它了解新闻、听京剧和看小品等。

1.2.1 浏览网上新闻和小说

因特网中包含了成千上万的网站，很多网站会及时地发布最新的时政要闻，老年朋友足不出户就可以知晓天下大事和民生百态。此外，通过因特网还能够阅读电子杂志和小说等。通过门户网站浏览新闻如图 1-1 所示。

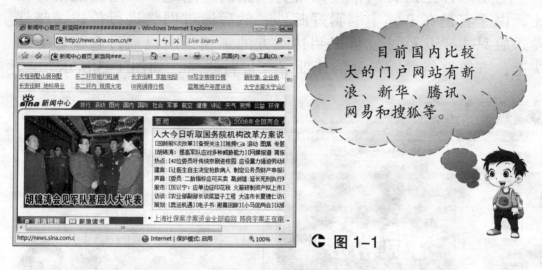

目前国内比较大的门户网站有新浪、新华、腾讯、网易和搜狐等。

○ 图 1-1

1.2.2　搜索并下载有用资源

因特网好比存储信息资源的汪洋，其中包含的资料涉及文学、体育、政治、军事和历史等众多领域。这些信息以文档、表格、图形、声音、影像或它们的组合体作为载体分布在世界各地的电脑上。将电脑连入因特网，即可随意搜索并下载需要的信息，如图 1-2 所示。

通过百度、Google 等搜索引擎可以搜索喜爱的戏曲。

○ 图 1-2

1.2.3 与亲友互发电子邮件

电子邮件是因特网中使用最为频繁的应用之一。与传统信件相比，由于它是在电脑中编辑好邮件，然后通过网络进行传送，邮件发送后只需要几秒钟就可以到达对方的邮箱，所以通过它能够更加快速、方便地与世界各地的亲朋好友进行联络，如图1-3所示。

在节日到来之际，给亲友们发送一张精美的电子贺卡，一定会让人倍感温馨的！

◆ 图1-3

1.2.4 结交天南地北的朋友

因特网将世界各地的电脑连接在一起,通过即时聊天工具或网络电话可以让相隔千里的朋友们欢聚一堂,进行语音或视频聊天,如图1-4所示。

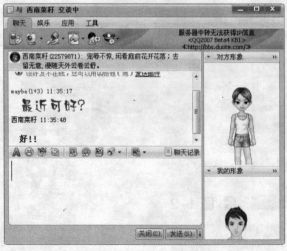

常用的即时聊天工具有腾讯QQ、新浪UC和MSN等，其中腾讯QQ的用户最多。

◆ 图1-4

1.2.5 网上论坛与博客 ▎▎▎▎▎

在现代网民的生活中，论坛（BBS）是专供他们发表观点和讨论话题的场所，在这里他们可以各抒己见、畅所欲言。对于老年朋友而言，可以在专门的老年论坛中交流养生之法，或与来自五湖四海的朋友聊聊家常，中国老年人论坛的页面如图1-5所示。

博客（BLOG）作为网络中一种新兴的应用，已成为网民们写日记、撰自传的最佳选择。在博客中可以通过文字、图片、声音和影像等方式展示自我或与他人分享感受等，新浪博客的页面如图1-6所示。

⚓ 图1-5

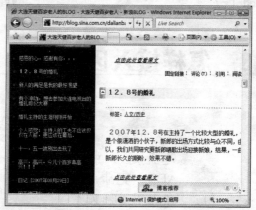

⚓ 图1-6

1.2.6 听歌、看戏和玩游戏 ▎▎▎▎▎

看电视、下象棋是众多老年朋友日常的娱乐项目。有了因特网，可以在网上看电影、看电视、欣赏戏曲、听音乐以及玩游戏等，通过这些丰富的娱乐服务可以体验更多彩的网络生活。在线观看电视的场景如图1-7所示；在线玩游戏的场景如图1-8所示。

此外，通过因特网还可以买基金和炒股等，并且在不出门的情况下就能够购买到喜爱的东西。

↑ 图 1-7

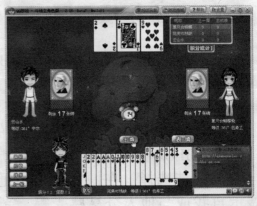

↑ 图 1-8

1.3　怎样接入因特网

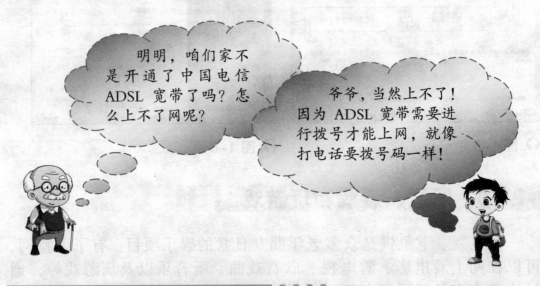

明明，咱们家不是开通了中国电信 ADSL 宽带了吗？怎么上不了网呢？

爷爷，当然上不了！因为 ADSL 宽带需要进行拨号才能上网，就像打电话要拨号码一样！

1.3.1　建立 ADSL 连接 ▮▮▮▮

　　在使用 ADSL 方式上网之前，需要在网络运营商（如电信、网通等）那里开通 ADSL 服务，获取 ADSL 账号和密码。然后才能通过 ADSL Modem，进行拨号上网，在 Windows Vista 中建立 ADSL 拨号连接的具体操作步骤如下。

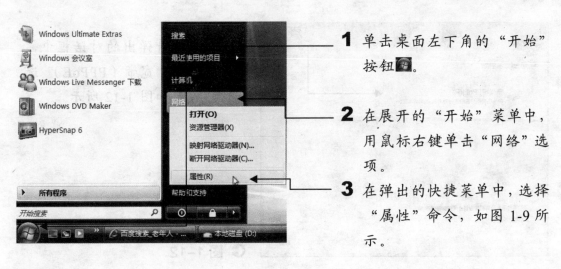

1 单击桌面左下角的"开始"
按钮 。

2 在展开的"开始"菜单中，
用鼠标右键单击"网络"选
项。

3 在弹出的快捷菜单中，选择
"属性"命令，如图 1-9 所
示。

◐ 图 1-9

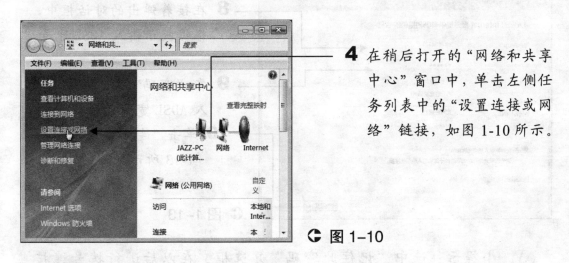

4 在稍后打开的"网络和共享
中心"窗口中，单击左侧任
务列表中的"设置连接或网
络"链接，如图 1-10 所示。

◑ 图 1-10

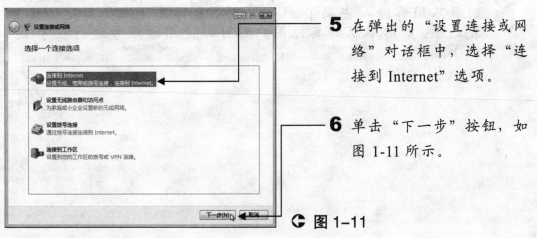

5 在弹出的"设置连接或网
络"对话框中，选择"连
接到 Internet"选项。

6 单击"下一步"按钮，如
图 1-11 所示。

◑ 图 1-11

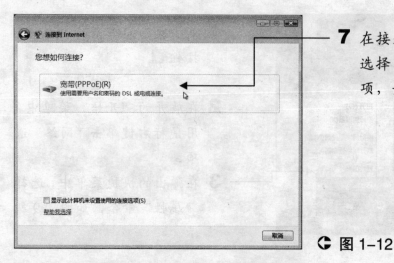

7 在接着弹出的对话框中，选择"宽带（PPPoE）"选项，如图 1-12 所示。

🕞 图 1-12

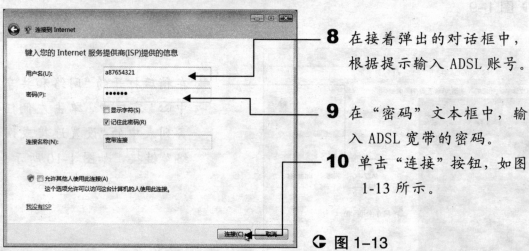

8 在接着弹出的对话框中，根据提示输入 ADSL 账号。

9 在"密码"文本框中，输入 ADSL 宽带的密码。

10 单击"连接"按钮，如图 1-13 所示。

🕞 图 1-13

小提示：选中"记住此密码"复选框，在以后进行拨号连接时就不用再输入密码了。如果选中"允许其他人使用此连接"复选框，以后本机的其他用户都可以使用该账号进行拨号上网了。

11 在接着弹出的对话框中会自动进行拨号连接,如图 1-14 所示。

◑ 图 1-14

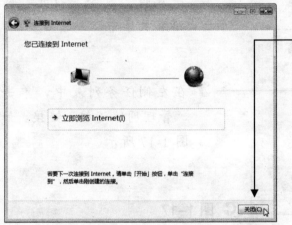

12 连接成功后,单击"关闭"按钮,如图 1-15 所示。

◑ 图 1-15

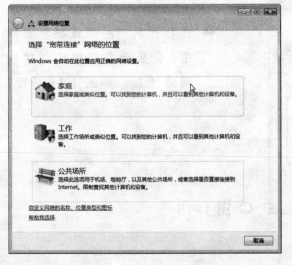

小提示:单击"关闭"按钮后,如果弹出"设置网络位置"对话框,则需要在该对话框中,选择合适的网络位置,如图 1-16 所示。

◑ 图 1-16

1.3.2 建立桌面快捷方式 ▎▎▎▎▎

　　为了便于以后拨号上网，可以为刚才创建的"宽带连接"建立一个桌面快捷方式，此后只需双击桌面上的"宽带连接"图标，就可以运行拨号连接程序。

1 单击"开始"按钮，在弹出的"开始"菜单中用鼠标右键单击"网络"选项。

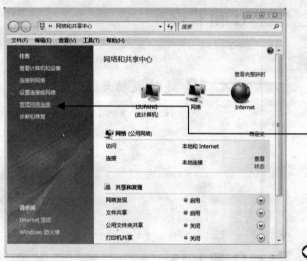

2 在弹出的快捷菜单中，选择"属性"命令，打开"网络和共享中心"窗口。

3 在左侧任务列表中，单击"管理网络连接"链接，如图 1-17 所示。

🔁 图 1-17

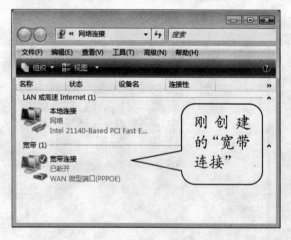

刚创建的"宽带连接"

4 在打开的"网络连接"窗口中，会显示本机中已创建的网络连接，如图 1-18 所示。

🔁 图 1-18

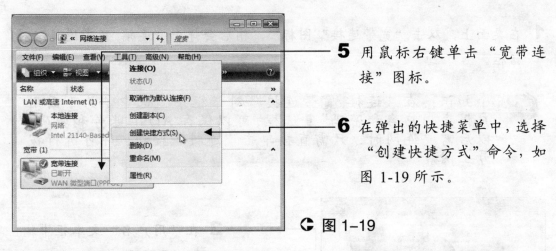

5 用鼠标右键单击"宽带连接"图标。

6 在弹出的快捷菜单中,选择"创建快捷方式"命令,如图 1-19 所示。

⊙ 图 1-19

7 在稍后弹出的"快捷方式"对话框中,单击"是"按钮,如图 1-20 所示。

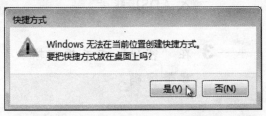

⊙ 图 1-20

8 稍后在桌面上会出现一个名为"宽带连接–快捷方式"的图标,如图 1-21 所示。

⊙ 图 1-21

小提示:单击"宽带连接–快捷方式"图标,然后按【F2】键,可以对其进行重命名。

1.3.3 拨号上网

接着就可以通过刚才创建的"宽带连接"拨号上网了,具体操作步骤如下。

1 在桌面上，双击"宽带连接"图标，稍后会弹出"连接 宽带连接"对话框。

> 小知识：在"连接 宽带连接"对话框中，选中"为下面用户保存用户名和密码"复选框，可以保存 ADSL 账号和密码。以后需要连网时，只需直接单击"连接"按钮，即可进行拨号上网。

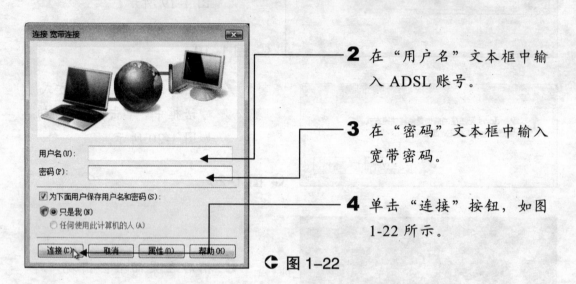

2 在"用户名"文本框中输入 ADSL 账号。

3 在"密码"文本框中输入宽带密码。

4 单击"连接"按钮，如图 1-22 所示。

◯ 图 1-22

5 宽带拨号程序开始进行拨号连接，如图 1-23 所示。

◯ 图 1-23

6 拨号连接成功后，任务栏的通知区域中的"连接状态"图标会变为已成功连接的图标。

> 小提示：如果没有连接成功，则需要对 ADSL 硬件连接进行检查，并对 ASDL 账号的密码进行确认，确认无误后再重复以上操作即可。

1.3.4 查看网络连接状态 ▎▎▎▎▎

在 ADSL 宽带成功连接后，可以通过执行以下操作来查看 ADSL

宽带的连接状态。

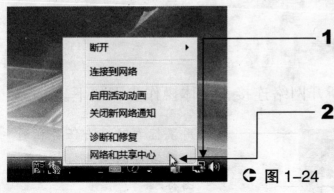

1 用鼠标右键单击任务栏通知区域中的"连接状态"图标 。

2 在弹出的快捷菜单中，选择"网络和共享中心"命令，如图1-24所示。

↩ 图1-24

3 稍后会打开"网络和共享中心"界面。

4 在"宽带连接"选项区域中，单击"查看状态"链接，如图1-25所示。

↩ 图1-25

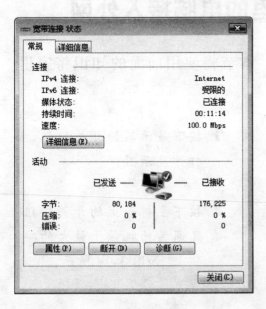

5 在弹出的"宽带连接 状态"对话框中，即可看到ADSL宽带的连接状态，如图1-26所示。

↩ 图1-26

小提示：在"宽带连接 状态"对话框中，单击"断开"按钮，可以直接断开宽带连接。

1.3.5 断开宽带连接 ▏▏▏▏

当不需要上网时可以断开网络连接，具体操作步骤如下。

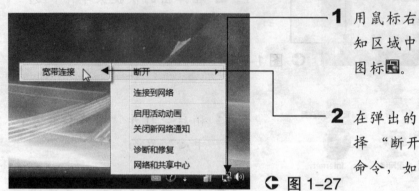

◐ 图 1-27

1 用鼠标右键单击任务栏通知区域中的"连接状态"图标。

2 在弹出的快捷菜单中，选择"断开"→"宽带连接"命令，如图 1-27 所示。

3 宽带连接断开后，在任务栏的通知区域中可以看见原来的"连接状态"图标已变成图标了。

1.4 活学活用——将家里的电脑接入外网 ▪

前面介绍了因特网的连接方法，本节将使用前面的知识将家里的电脑接入因特网。

1 按下显示器的开关按钮，打开显示器。

2 按下主机箱上的开关按钮（通常为机箱上最大的按钮），如图 1-28 所示。

◐ 图 1-28

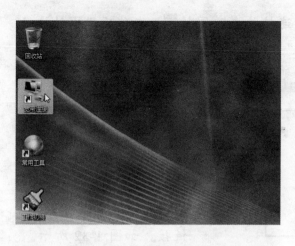

3 启动电脑后，系统自检并启动操作系统。

4 稍后会进入 Windows 系统桌面。

5 在桌面上，单击"宽带连接"图标，如图 1-29 所示。

↻ 图 1-29

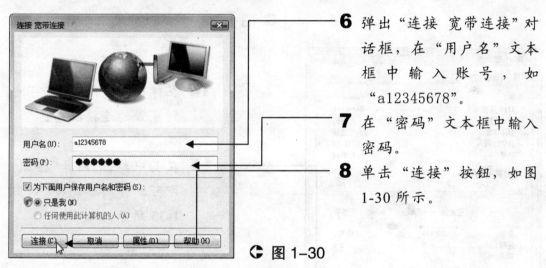

6 弹出"连接 宽带连接"对话框，在"用户名"文本框中输入账号，如"a12345678"。

7 在"密码"文本框中输入密码。

8 单击"连接"按钮，如图 1-30 所示。

↻ 图 1-30

9 拨号程序开始连接网络，连接成功后，通知区域中的"连接状态"图标 📶 会变成图标 🖥️。

10 启动 IE 浏览器，在地址栏中输入"www.sina.com"，再按【Enter】键就可以浏览新闻了，如图 1-31 所示。

↻ 图 1-31

15

11 用鼠标右键单击通知区域中的"连接状态"图标⬛，在稍后弹出的快捷菜单中，选择"网络和共享中心"命令。

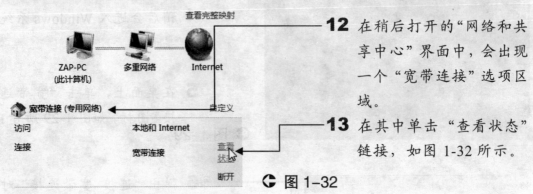

12 在稍后打开的"网络和共享中心"界面中，会出现一个"宽带连接"选项区域。

13 在其中单击"查看状态"链接，如图 1-32 所示。

◖ 图 1-32

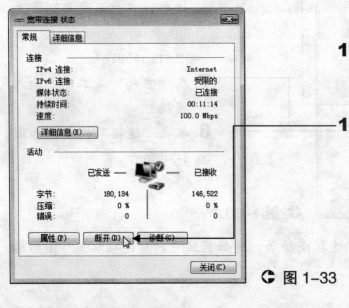

14 在弹出的对话框中，可看到宽带的连接状态。

15 在其中单击"断开"按钮，即可断开网络连接，如图 1-33 所示。

◖ 图 1-33

1.5　疑难解答

：为什么老王家里的电脑不需要拨号就可以上网呢？

：这是因为他家采用的上网方式有所不同。目前常见的因特网连接方式包括 ADSL 宽带、小区宽带和光纤接入等方式。王爷爷家采用的上网方式应该是小区宽带。

小区宽带上网方式是建立在局域网的基础上的，它是一种共享上网方式，整个局域网中的所有电脑共享一条宽带。因此在局域网中，上网人数越少，网速越快；而上网的人越多，网速越慢。

> 小知识：局域网是将分散在有限地理位置（如一个小区或一栋办公楼）内的多台电脑，通过传输介质连接起来的网络，在局域网中可以自由地进行资源共享。

目前，中国电信、中国网通和长城宽带等多家网络服务提供商（ISP）都提供了小区宽带上网业务。不过，只有拥有局域网的小区才能办理，个人用户无法自行申请。

：原来是这样啊！那我们家的宽带又有什么特点呢？

：ADSL 是目前国内使用最广泛的上网方式，具有传输速率快、独享带宽、网络安全性和可靠性高、价格适中以及架设简单等优点。其最大的优点就是充分利用了现有的公共电话网络，不需要重新布线。

ADSL 突破了传统电话拨号上网的网速限制，支持的上行传输速率为 16Kb/s ~ 640Kb/s，下行传输速率为 1.5Mb/s ~ 8Mb/s，有效传输距离可达 3 ~ 5km。

通过 ADSL 宽带上网的方法很简单，只需事先在网络服务提供商那里开通 ADSL 服务，然后在电话线上增加一个 ADSL Modem，通过拨号连接就可以上网了。

> 小知识：ADSL 宽带可以与普通电话同时占用同一条电话线路，但是不影响电话的正常使用。

：ADSL Modem 上的指示灯怎么有时会不停地闪烁，有时却闪得很慢呢？

：ADSL Modem 上有很多个指示灯，可以动态地反映出设备的工作状态。一般情况下，ADSL Modem 正常工作时，以下几个指示灯处于常亮状态。

Power 指示灯：电源指示灯。一旦接通电源，就会变成常亮状态。

LAN（ 或 Ethernet ）指示灯：线路连接指示灯。它监控 ADSL Modem 与电脑网卡之间的连接状态，若该指示灯不亮，则表示 Modem 与电脑没有建立正常的数据连接。

ADSL 指示灯：数据同步灯。当 ADSL Modem 被开启后，在最初的几十秒时间内，该指示灯会按"不亮→绿色闪烁→常绿"的顺序进行变化。待建立数据同步后，就会处于常亮状态。

Act 指示灯：数据传输指示灯。它在有数据传输时会闪烁，否则不会发亮。如果该指示灯显示异常，应先检查网线、电话线等是否松动，并尝试重启 ADSL Modem。

小提示：不同品牌的 ADSL Modem，其指示灯的数量和标识会有所不同。用户可以参考设备的说明书来进行判断。

第 2 章
轻松浏览网页

本章热点：

★ 初识 IE 浏览器
★ 使用 IE 浏览网页
★ 使用 IE 保存网页
★ 收藏喜爱的网站
★ 让 IE 浏览器更好用

终于可以上网了！明明，过来教爷爷怎么上网！我想看看新闻！

来了，来了！爷爷，电脑中有一种叫做"浏览器"的软件，通过它才可以浏览网页。

2.1 初识 IE 浏览器

　　IE 浏览器是目前使用最广泛的浏览器软件，Windows Vista 操作系统自带了最新版本的 IE 浏览器——Internet Explorer 7.0，一般简称为 IE。

2.1.1 启动 IE 浏览器

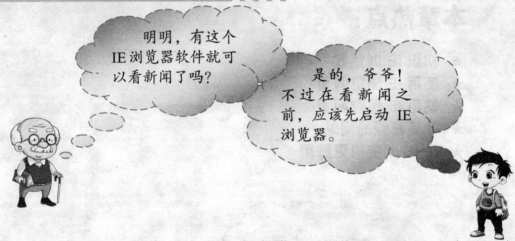

　　一般情况下，操作系统中都会自带 IE 浏览器，所以不需要用户自己安装。需要使用 IE 浏览器浏览网页时，可以通过以下几种方法启动它。

1. 通过桌面快捷方式图标启动

　　在系统桌面上，双击"Internet Explorer"快捷方式图标，即可启动 IE 浏览器，如图 2-1 所示。

回收站

双击该图标

Internet Explorer

◖ 图 2-1

　　如果桌面上没有"Internet Explorer"图标，可以将"开始"菜单中的"Internet"命令拖曳到桌面上，创建它的快捷方式图标。

 小知识："拖曳"是一种鼠标操作，是指将鼠标指针定位到某个图标上，接着单击并按住鼠标左键，然后移动鼠标到指定位置后，再松开鼠标左键的一个过程。

2. 通过"开始"菜单启动

单击"开始"按钮，在展开的"开始"菜单中，选择"Internet"命令，即可启动 IE 浏览器，如图 2-2 所示。

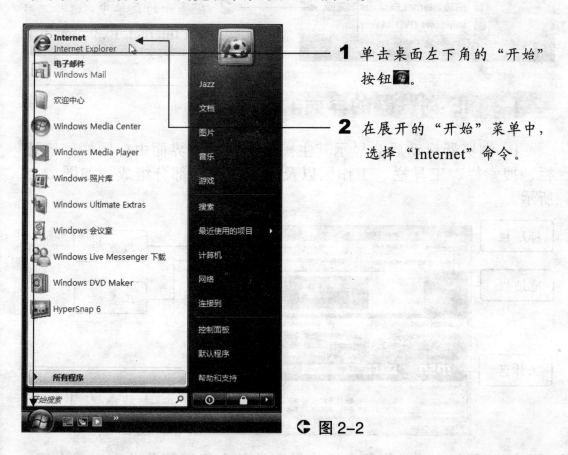

1 单击桌面左下角的"开始"按钮。

2 在展开的"开始"菜单中，选择"Internet"命令。

图 2-2

3. 通过"快速启动栏"启动

在 Windows Vista 操作系统的"快速启动栏"中，单击"Internet Explorer"快捷图标，也可以启动 IE 浏览器，如图 2-3 所示。

单击该图标

⌒ 图 2-3

1 单击"快速启动栏"中的右向箭头。

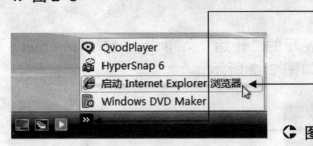

2 在展开的菜单中，选择"启动 Internet Explorer 浏览器"命令。

⌒ 图 2-4

2.1.2 IE 浏览器的界面

　　IE 浏览器启动后会显示其主操作界面，该界面由标题栏、地址栏、搜索栏、工具栏、工作区以及状态栏等几部分组成，如图 2-5 所示。

⌒ 图 2-5

　　下面就对 IE 浏览器主操作界面的各个组成部分分别进行介绍。

1. 标题栏

　　标题栏位于 IE 浏览器的顶端，其左边用于显示当前网页的标题，右边则依次为"最小化"按钮□□、"最大化"按钮□□和"关闭"按钮□□，用于调整 IE 浏览器窗口的大小。

 小提示：如果 IE 浏览器的窗口处于"最大化"时，则标题栏中的"最大化"按钮□□会变成"向下还原"按钮□□。

2.　地址栏

地址栏是 IE 浏览器窗口的重要组成部分，它用于输入需要浏览的网页地址，在浏览网页时则会显示当前页面的网页地址。

地址栏的左侧有"后退"按钮◄和"前进"按钮►，单击相应的按钮可以进入相应的页面。

地址栏的右侧有"刷新"按钮↻和"停止"按钮✕，"刷新"按钮↻用于刷新当前页面；"停止"按钮✕用于关闭当前页面。

3.　搜索栏

搜索框位于"停止"按钮的右侧，主要用于输入需要搜索的内容。在其中输入需要搜索的内容后，按【Enter】键或单击"搜索"按钮🔍，IE 浏览器就会通过指定的搜索引擎搜索需要的内容，并将结果显示出来。

 小知识：IE 浏览器的默认搜索引擎是 Windows Live Search，它是微软公司自己开发的搜索引擎。

4.　工具栏

工具栏位于地址栏的下方，其中包含了一些常用的工具按钮，如"收藏中心"按钮、"添加到收藏夹"按钮、"主页"按钮、"打印"按钮、"页面"按钮以及"工具"按钮等，如图 2-6 所示。

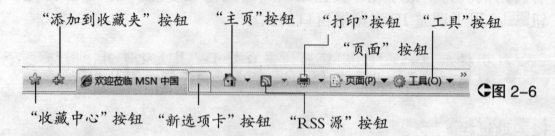

"添加到收藏夹"按钮　　"主页"按钮　　"打印"按钮　　"工具"按钮

"页面"按钮

欢迎莅临 MSN 中国　　页面(P) ▼ 工具(O) ▼ 　→图 2-6

"收藏中心"按钮　　"新选项卡"按钮　　"RSS 源"按钮

5. 工作区

工作区位于工具栏的下方,该区域是 IE 浏览器的重要组成部分,用于显示当前网页的内容，包括文字、图片和影像等。

6. 状态栏

状态栏位于 IE 浏览器窗口的底端，用于显示 IE 浏览器的当前状态。在状态栏的右侧还带有一个缩放工具 ⍞100% ▼，可以调整页面的显示比例。

小提示：在默认情况下，IE 主界面中不会显示菜单栏。这时可以按【Alt】键或使用鼠标右键单击工具栏的空白处，然后在弹出的快捷菜单中，选择"菜单栏"选项来显示 IE 的菜单栏。

2.1.3　退出 IE 浏览器

以上我们学习了启动 IE 浏览器的多种方法，同样关闭 IE 浏览器也可以采用多种方法，常见的操作方法如下。

★ 在 IE 浏览器窗口的右上角，单击"关闭"按钮 ⊠。
★ 在 IE 浏览器窗口的标题栏中，单击鼠标右键，然后在弹出的快捷菜单中，选择"关闭"命令，如图 2-7 所示。

1 使用鼠标右键单击 IE 浏览器窗口的标题栏。

2 在弹出的快捷菜单中，选择"关闭"命令。

↻ 图 2-7

★ 使用鼠标右键单击任务栏中的"IE"窗口按钮，然后在弹出的快捷菜单中，选择"关闭"命令，如图 2-8 所示。

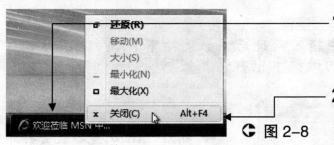

1 使用鼠标右键单击任务栏中的"IE"窗口按钮。

2 在弹出的快捷菜单中，选择"关闭"命令。

↻ 图 2-8

★ 切换到 IE 浏览器窗口，然后按【Alt+F4】组合键。

2.2 使用 IE 浏览网页

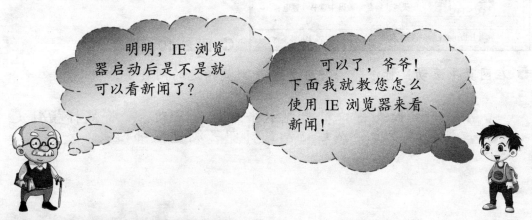

明明，IE 浏览器启动后是不是就可以看新闻了？

可以了，爷爷！下面我就教您怎么使用 IE 浏览器来看新闻！

2.2.1 访问指定网站 ▌▌▌▌

首先介绍怎么使用 IE 浏览器访问指定的网站，具体操作步骤如下。

1 启动 IE 浏览器，然后将光标定位到地址栏中。

2 输入需要浏览的网页地址，例如 "www.sina.com"。

3 输入完成后，单击右侧的 "转到" 按钮 ➡，如图 2-9 所示。

 图 2-9

小知识：在地址栏中输入网址后，如果按下【Alt+Enter】组合键，则可以在新的选项卡中打开指定网页。

4 稍后，IE 浏览器就会打开指定的网站（如新浪网），如图 2-10 所示。

↻ 图 2-10

5 在网页中滚动鼠标滚轮，即可选择并浏览指定的网页了。

小提示：如果窗口中出现水平或垂直滚动条，将鼠标指针定位到滚动条上，然后拖动鼠标即可浏览全部网页。

2.2.2　浏览超链接指向的网页

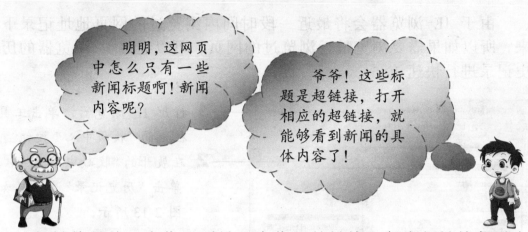

明明，这网页中怎么只有一些新闻标题啊！新闻内容呢？

爷爷！这些标题是超链接，打开相应的超链接，就能够看到新闻的具体内容了！

　　超链接是从一个位置到另一个位置的链接，每个超链接都对应着相应的链接目标，这些目标可能是文字、图片或者文件。网页中带有大量的超链接，执行如下操作可以浏览其所指向的网页。

1 在 IE 浏览器中，打开指定的网站（如新浪网）。

2 将鼠标指针移动到文字或图像上，当指针由 变为 时，表示该文字或图像为一个超链接，如图 2-11 所示。

◐ 图 2-11

3 单击该超链接，在接着弹出的窗口中，会显示所选超链接指向的网页内容，如图 2-12 所示。

小提示：如果当前网页的页面很长，可以通过鼠标拖动 IE 浏览器右侧或下方的滚动条，来浏览被隐藏的其他内容。

◐ 图 2-12

2.2.3　浏览历史记录中的网页

由于 IE 浏览器会将最近一段时间内浏览过的网页地址记录下来，所以如果需要浏览最近浏览过的网页，可以通过 IE 浏览器的历史记录进行快速访问。

1 打开 IE 浏览器，单击工具栏上的"收藏中心"按钮★。

2 在展开的"收藏中心"栏中，单击"历史记录"按钮，如图 2-13 所示。

○ 图 2-13

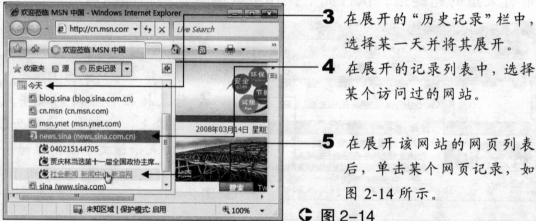

3 在展开的"历史记录"栏中，选择某一天并将其展开。

4 在展开的记录列表中，选择某个访问过的网站。

5 在展开该网站的网页列表后，单击某个网页记录，如图 2-14 所示。

○ 图 2-14

6 在 IE 浏览器中，会自动打开显示该历史记录的网页。

2.2.4　同时浏览多个网页

在原来的 IE 浏览器中浏览多个网页，需要开启多个 IE 窗口并在任务栏中进行切换。随着 IE 浏览器功能的逐步完善，最新版本的 IE 7.0 支持在同一窗口中同时浏览多个网页。

1 打开 IE 浏览器，在地址栏输入需要访问的网址，例如 "www.sohu.com"，然后按【Enter】键，打开搜狐首页。

2 在工具栏上，单击"新选项卡"按钮，如图 2-15 所示。

◐ 图 2-15

3 稍后，会打开标题为"欢迎使用选项卡浏览"的新页面。

4 在地址栏中，输入"www.sina.com"，然后按【Enter】键，如图 2-16 所示。

◐ 图 2-16

5 在刚才打开的选项卡中，就会显示新浪首页，如图 2-17 所示。

◐ 图 2-17

小提示：当在同一个 IE 窗口打开多个网页时，按【Ctrl+Tab】组合键可以在多个选项卡之间进行切换。

　　除了通过单击工具栏上的"新选项卡"按钮打开一个新的选项卡外，还可以在当前网页中使用鼠标右键单击相应的超链接，然后在弹出的快捷菜单中选择"在新选项卡中打开"命令，打开新选项卡，如图 2-18 所示。

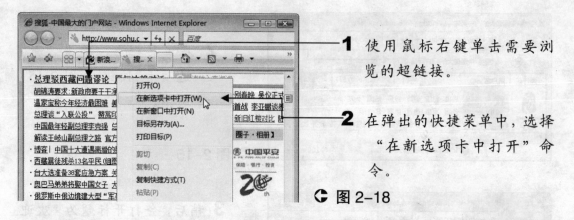

1 使用鼠标右键单击需要浏览的超链接。

2 在弹出的快捷菜单中，选择"在新选项卡中打开"命令。

○ 图 2-18

小知识：在同一个 IE 窗口中打开多个选项卡时，只需单击选项卡上的"关闭选项卡"按钮 **X** 或双击该选项卡，即可关闭指定的选项卡。

3 IE 浏览器会在新的选项卡中，打开该超链接。

2.2.5 全屏浏览新闻 ▮▮▮▮

在浏览网页时，如果页面太长，内容就会无法全部显示出来。这时可以通过 IE 浏览器的"全屏浏览"功能浏览整个页面。

1 打开 IE 浏览器，在地址栏中输入需要访问的网址，然后按【Enter】键。
2 在打开的网站中，单击合适的超链接，打开需要浏览的新闻网页。

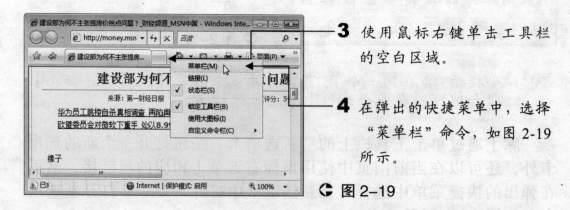

3 使用鼠标右键单击工具栏的空白区域。

4 在弹出的快捷菜单中，选择"菜单栏"命令，如图 2-19 所示。

○ 图 2-19

小提示：此外，直接在当前 IE 窗口中按【F11】键，即可进行全屏显示，再次按【F11】键，或将鼠标指针移动到屏幕右上角并单击"还原"按钮 🗗，即可返回原状态。

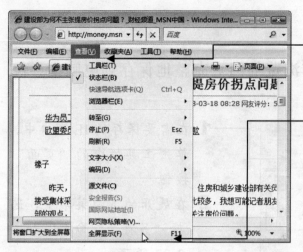

5 在工具栏上方出现菜单栏后，单击"查看"菜单。

6 在展开的下拉菜单中，选择"全屏显示"命令，如图2-20所示。

○ 图2-20

7 当前 IE 浏览窗口会以全屏方式进行显示，如图 2-21所示。

○ 图2-21

2.3　使用 IE 保存网页

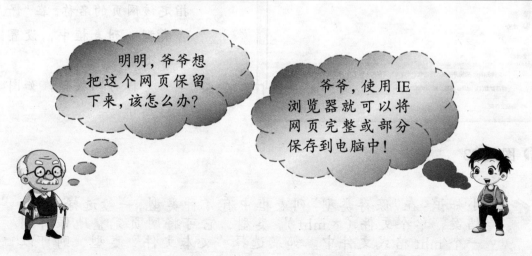

明明，爷爷想把这个网页保留下来，该怎么办？

爷爷，使用 IE 浏览器就可以将网页完整或部分保存到电脑中！

2.3.1 保存整个网页

使用 IE 浏览器可以将当前浏览的网页完整地保存到电脑中，包括文字和图片等。

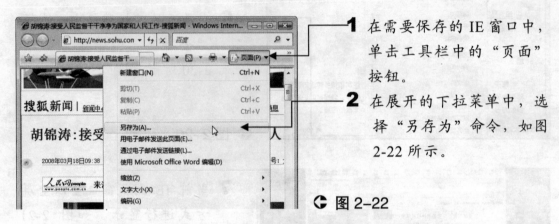

1 在需要保存的 IE 窗口中，单击工具栏中的"页面"按钮。

2 在展开的下拉菜单中，选择"另存为"命令，如图 2-22 所示。

◐ 图 2-22

 小提示：在当前 IE 窗口中，按下【Alt】键，然后在出现的菜单栏中，选择"文件"→"另存为"命令，也可以打开"保存网页"窗口。

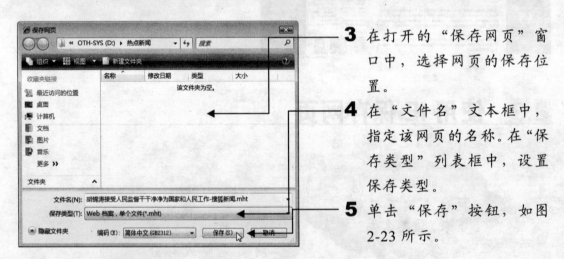

3 在打开的"保存网页"窗口中，选择网页的保存位置。

4 在"文件名"文本框中，指定该网页的名称。在"保存类型"列表框中，设置保存类型。

5 单击"保存"按钮，如图 2-23 所示。

◐ 图 2-23

 小知识：在"保存类型"列表框中有 4 种类型，一般选择"Web 档案，单个文件（＊.mht）"类型，它可将网页完整地保存到一个 mht 格式文件中。如果选择"文本文件"类型，则可以只保存网页中的文字。

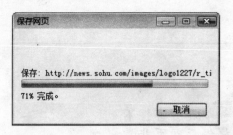

6 在弹出的"保存网页"对话框中，会显示保存进度，如图 2-24 所示。

◐ 图 2-24

7 保存完成后即可对该文件进行脱机浏览。

2.3.2　只保存网页中的图片

　　在浏览网页时，如果只需要保存其中喜爱的图片，则可以通过 IE 将其快速地收藏到电脑中，具体操作步骤如下。

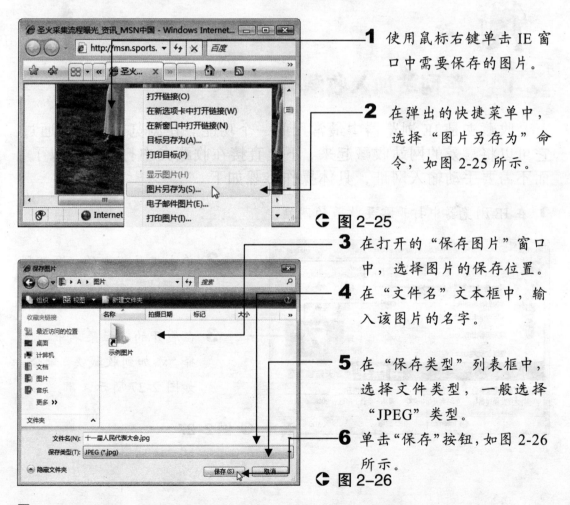

1 使用鼠标右键单击 IE 窗口中需要保存的图片。

2 在弹出的快捷菜单中，选择"图片另存为"命令，如图 2-25 所示。

◐ 图 2-25

3 在打开的"保存图片"窗口中，选择图片的保存位置。

4 在"文件名"文本框中，输入该图片的名字。

5 在"保存类型"列表框中，选择文件类型，一般选择 "JPEG" 类型。

6 单击"保存"按钮，如图 2-26 所示。

◐ 图 2-26

7 保存完成后，在指定的存放位置上就可以查看该图片了。

2.4 收藏喜爱的网站

明明，你看爷爷保存了好多有用的网页！

爷爷真厉害！不过这样保存网页非常麻烦。使用 IE 收藏夹保存网页会更简单、方便！

2.4.1 将网站加入收藏夹 ▌▌▌▌

收藏夹是 IE 浏览器中最常用的一个功能。在浏览网页时，通过它可以将喜爱的网站收藏起来，下次直接在收藏夹中打开就可以了，而不需要手动输入网址，具体操作步骤如下。

1 在 IE 浏览器中打开需要收藏的网站。

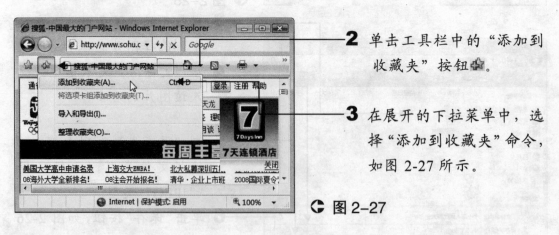

2 单击工具栏中的"添加到收藏夹"按钮 ✚。

3 在展开的下拉菜单中，选择"添加到收藏夹"命令，如图 2-27 所示。

◆ 图 2-27

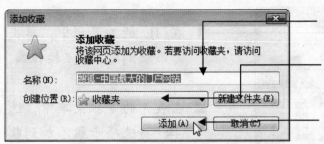

⌒ 图 2-28

4 在弹出的"添加收藏"对话框中，设置该网页的名称。

5 选择收藏位置，默认收藏位置为"收藏夹"文件夹。

6 单击"添加"按钮，如图 2-28 所示。

⌒ 图 2-29

小提示：若需要建立新的收藏位置，可以单击"新建文件夹"按钮，接着在弹出的对话框中输入文件夹名称，然后单击"创建"按钮即可，如图 2-29 所示。

7 在 IE 窗口的工具栏中，单击"收藏中心"按钮★。

8 在展开的"收藏夹"列表中，就可以看到刚才收藏的网页了，如图 2-30 所示。

⌒ 图 2-30

2.4.2　将选项卡组加入收藏夹 ▮▮▮▮

如果在 IE 中打开了多个同类网页，如旅游信息、军事动态等，此时通过 IE 的选项卡组收藏功能，可以将打开的所有网页全部添加到收藏夹中。

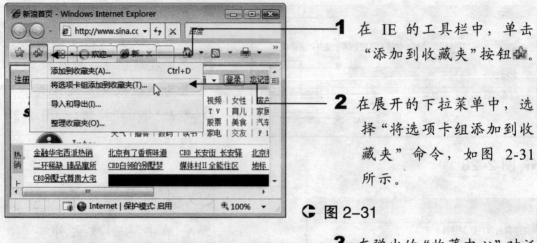

1 在 IE 的工具栏中，单击"添加到收藏夹"按钮📁。

2 在展开的下拉菜单中，选择"将选项卡组添加到收藏夹"命令，如图 2-31 所示。

◐ 图 2-31

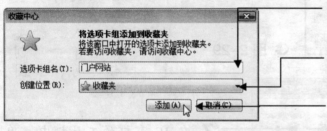

◑ 图 2-32

3 在弹出的"收藏中心"对话框中，设置选项卡组名称。

4 选择收藏位置，默认收藏位置为"收藏夹"文件夹。

5 单击"添加"按钮，如图 2-32 所示。

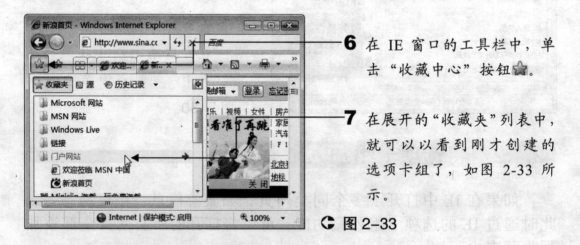

6 在 IE 窗口的工具栏中，单击"收藏中心"按钮⭐。

7 在展开的"收藏夹"列表中，就可以以看到刚才创建的选项卡组了，如图 2-33 所示。

◐ 图 2-33

2.4.3　整理收藏夹 ▌▌▌▌

在使用 IE 浏览器收藏网页时，如果没有对网页进行分类收藏，当收藏的网页多了以后，收藏夹就会变得非常杂乱。经常对收藏夹进行整理将极大地方便以后的使用，具体操作步骤如下。

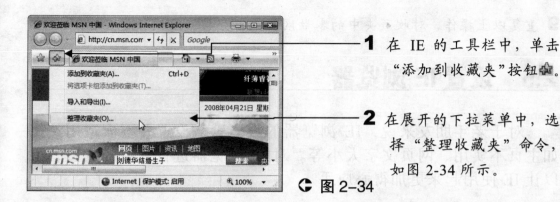

1 在 IE 的工具栏中，单击"添加到收藏夹"按钮 。

2 在展开的下拉菜单中，选择"整理收藏夹"命令，如图 2-34 所示。

☞ 图 2-34

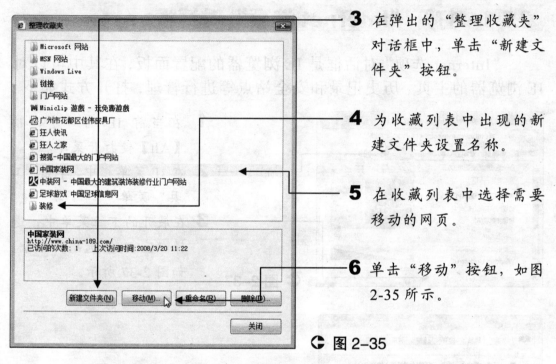

3 在弹出的"整理收藏夹"对话框中，单击"新建文件夹"按钮。

4 为收藏列表中出现的新建文件夹设置名称。

5 在收藏列表中选择需要移动的网页。

6 单击"移动"按钮，如图 2-35 所示。

☞ 图 2-35

小知识：选中某个网页，然后单击"重命名"按钮，可以为网页重新命名。如果单击"删除"按钮，则可以删除该网页。

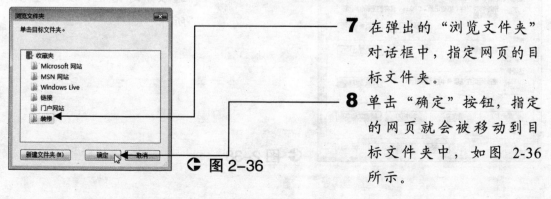

7 在弹出的"浏览文件夹"对话框中，指定网页的目标文件夹。

8 单击"确定"按钮，指定的网页就会被移动到目标文件夹中，如图 2-36 所示。

☞ 图 2-36

9 重复以上操作，对收藏夹中的零散网页进行分类，方便日后查看。

2.5 设置 IE 浏览器

对于老年朋友来说，IE 浏览器的很多默认设置并不太适用，例如主页不实用、网页文字太小等。对 IE 浏览器进行一定的设置，可以让 IE 使用起来更加得心应手。

2.5.1 打开"Internet 选项"对话框 ||||

"Internet 选项"对话框是 IE 浏览器的配置面板，在其中可以对 IE 浏览器的主页、历史记录和安全站点等进行管理，打开方式如下。

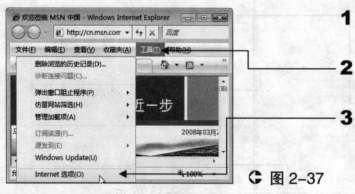

↺ 图 2-37

1 在当前 IE 窗口中，按【Alt】键打开菜单栏。

2 在 IE 菜单栏中，单击"工具"菜单。

3 在展开的下拉菜单中，选择"Internet 选项"命令，如图 2-37 所示。

4 稍后就会弹出"Internet 选项"对话框，如图 2-38 所示。

↺ 图 2-38

除了以上方法外，使用鼠标右键单击桌面上的"Internet"快捷方式图标，从弹出的快捷菜单中选择"Internet 属性"命令，如图 2-39 所示，也可以打开"Internet 选项"对话框。

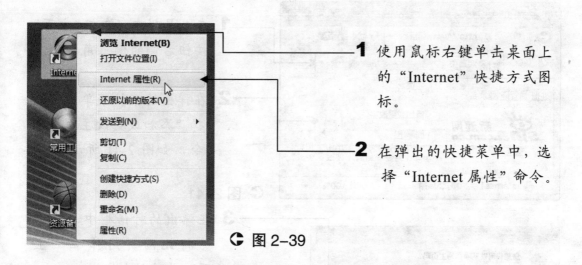

1 使用鼠标右键单击桌面上的 "Internet" 快捷方式图标。

2 在弹出的快捷菜单中，选择 "Internet 属性" 命令。

◑ 图 2-39

2.5.2　将经常访问的网页设置成主页

在默认情况下，启动 IE 浏览器时会自动打开默认主页（http://cn.msn.com/）。而将自己经常浏览的网页设置成主页，可以更加方便用户的使用。

1 使用前面的方法，打开"Internet 选项"对话框。

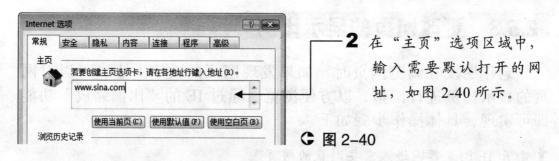

2 在"主页"选项区域中，输入需要默认打开的网址，如图 2-40 所示。

◑ 图 2-40

小知识：在"主页"选项区域中，单击"使用当前页"按钮，可将当前页设置成主页；单击"使用默认值"按钮，将使用默认主页；而单击"使用空白页"按钮，则将主页设为空白页，可提高 IE 的启动速度。

3 设置完成后，单击"确定"按钮即可。

除了通过以上方法外，还可以在 IE 浏览器中将当前网页添加成主页，具体操作步骤如下。

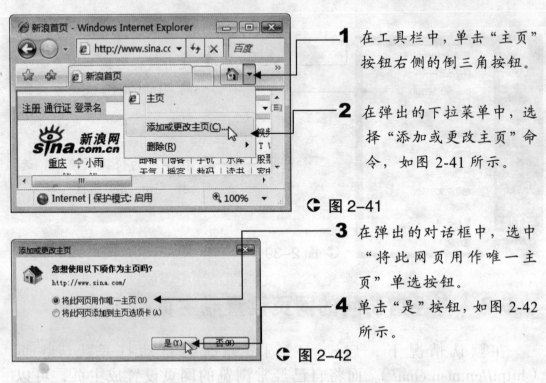

1 在工具栏中，单击"主页"按钮右侧的倒三角按钮。

2 在弹出的下拉菜单中，选择"添加或更改主页"命令，如图 2-41 所示。

◐ 图 2-41

3 在弹出的对话框中，选中"将此网页用作唯一主页"单选按钮。

4 单击"是"按钮，如图 2-42 所示。

◐ 图 2-42

 小提示：虽然 IE 支持多个主页，但建议不要设置太多，以免降低浏览器的启动速度。

2.5.3　更改网页的显示比例 ▮▮▮▮

老年朋友在浏览网页时，如果发现网页的文字太小，可以对网页的显示比例进行调整，以方便浏览。通过 IE 的"比例缩放"功能即可实现，具体操作步骤如下。

1 打开 IE 浏览器，进入需要浏览的网页。

2 在状态栏中，单击"更改缩放级别"按钮 🔍125% ▼右侧的倒三角按钮。

3 在展开的"更改缩放级别"菜单中，选择合适的缩放比例即可，如图 2-43 所示。

↷ 图 2-43

此外，在展开的"更改缩放级别"菜单中，选择"自定义"命令，在弹出的对话框中输入缩放比例，再单击"确定"按钮，也可以设置缩放比例（缩放范围介于 10%~1000% 之间），如图 2-44 所示。

⊙ 图 2-44

小提示：在当前 IE 窗口中按住【Ctrl】键，然后滚动鼠标上的滚轮，可以自由缩放网页的显示比例。

2.5.4　设置 IE 的临时文件夹

在默认情况下，IE 浏览器的临时文件夹保存在系统分区中。通过设置该临时文件夹的位置和大小，可以提高网页的访问速度。

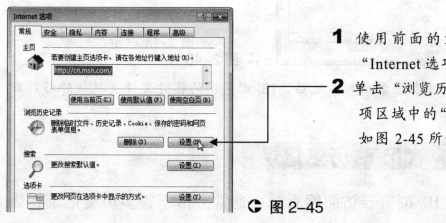

1 使用前面的方法，打开"Internet 选项"对话框。

2 单击"浏览历史记录"选项区域中的"设置"按钮，如图 2-45 所示。

⊙ 图 2-45

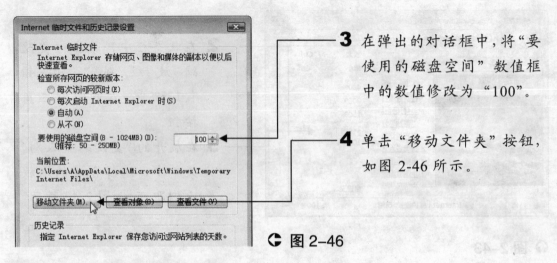

○ 图 2-46

3 在弹出的对话框中，将"要使用的磁盘空间"数值框中的数值修改为"100"。

4 单击"移动文件夹"按钮，如图 2-46 所示。

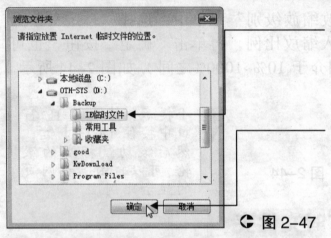

○ 图 2-47

5 在弹出的"浏览文件夹"对话框中，更改 Internet 临时文件夹的保存位置。

6 单击"确定"按钮，如图 2-47 所示。

○ 图 2-48

7 返回上一级对话框后，单击"确定"按钮。

8 在弹出的"注销"对话框中，单击"是"按钮，如图 2-48 所示。

9 自动注销并重新登录操作系统后，IE 浏览器的临时文件夹就被转移到新的位置上了。

2.5.5 清除 IE 的历史记录

在使用 IE 浏览器访问网页时，通常会留下很多历史记录，如

Internet 临时文件、Cookie、表单以及密码等。这些文件会降低 IE 的运行速度，并占用很大的磁盘空间，因此需要经常对其进行清理，具体操作步骤如下。

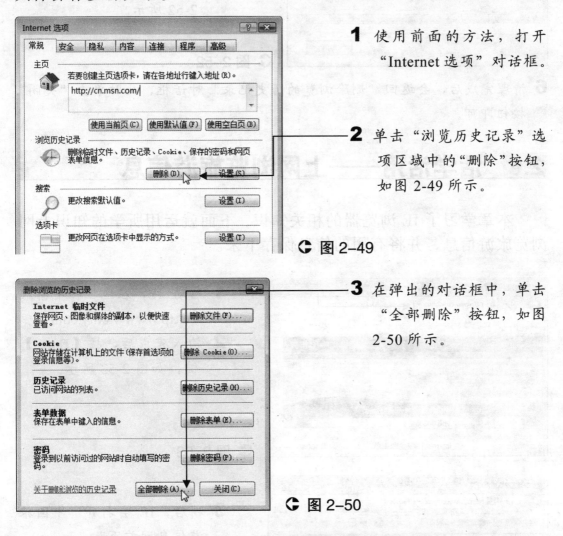

1 使用前面的方法，打开"Internet 选项"对话框。

2 单击"浏览历史记录"选项区域中的"删除"按钮，如图 2-49 所示。

◐ 图 2-49

3 在弹出的对话框中，单击"全部删除"按钮，如图 2-50 所示。

◐ 图 2-50

 小提示："删除浏览的历史记录"对话框中包括了很多项历史记录，如 Internet 临时文件、Cookie 等，单击指定项后面的按钮，就可以只删除该项内容了。

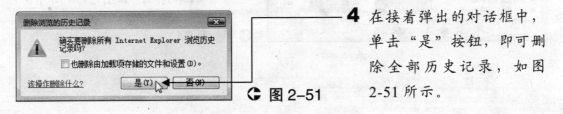

◐ 图 2-51

4 在接着弹出的对话框中，单击"是"按钮，即可删除全部历史记录，如图 2-51 所示。

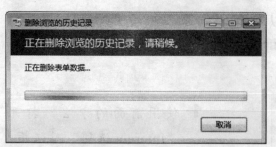

5 在接着弹出的对话框中，开始执行清理工作，如图 2-52 所示。

◐ 图 2-52

6 清理完成后，会返回"删除浏览的历史记录"对话框，此时单击"关闭"按钮即可。

2.6 活学活用——上网浏览旅游信息

本章学习了 IE 浏览器的相关知识，下面就运用所学的知识上网浏览旅游信息，并将有用的信息保存下来。

1 启动 IE，在地址栏中输入"http://www.cthy.com"。

2 输入完成后，按【Enter】键，如图 2-53 所示。

◐ 图 2-53

3 稍后，IE 会打开"中国旅游信息网首页"。

4 在其中单击某个链接，选择需要浏览的景点，例如"桑科草原"，如图 2-54 所示。

◐ 图 2-54

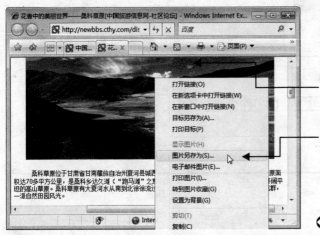

5 在打开的网页中，滚动鼠标滚轮，浏览该景点的图片和文字介绍。

6 使用鼠标右键单击喜爱的图片。

7 在弹出的快捷菜单中，选择"图片另存为"命令，如图 2-55 所示。

◆ 图 2-55

8 在打开的窗口中，指定图片的保存位置，并修改该图片的名称。

9 将图片的文件类型指定为"JPEG"。

10 单击"保存"按钮，如图 2-56 所示。

◆ 图 2-56

11 使用同上的方法，将其他喜爱的图片保存到电脑中。

12 在 IE 窗口中，切换到"中国旅游信息网首页"选项卡。

13 单击工具栏中的"添加到收藏夹"按钮。

14 在展开的下拉菜单中，选择"添加到收藏夹"命令，如图 2-57 所示。

◆ 图 2-57

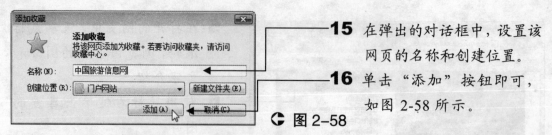

15 在弹出的对话框中，设置该网页的名称和创建位置。

16 单击"添加"按钮即可，如图 2-58 所示。

⊙ 图 2-58

2.7 疑难解答

：明明，每次打开 IE 浏览器时，都会自动打开主页，我该如何取消这个主页呢？

：爷爷，这个主页一般都是经常浏览的网页。如果不需要这些主页，可以将其删除，以加快 IE 的启动速度。

1 在桌面上，双击"Internet"快捷方式图标，启动 IE 浏览器。

2 在工具栏中，单击"主页"按钮右侧的倒三角按钮。

3 在展开的下拉菜单中，选择"删除"命令。

4 在接着展开的子菜单中，选择需要删除的主页，如图 2-59 所示。

⊙ 图 2-59

小提示：在展开的子菜单中，如果选择"全部删除"命令，然后在弹出的"删除主页"对话框中，单击"是"按钮，即可删除所有主页，并将主页设置为空白页。

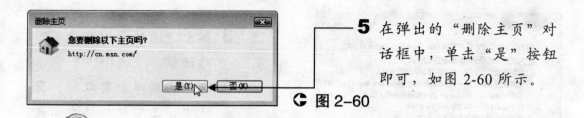

5 在弹出的"删除主页"对话框中，单击"是"按钮即可，如图 2-60 所示。

🔾 图 2-60

🧓：明明，为什么有些网页会在同一 IE 窗口中打开，而有些网页则会在新的 IE 窗口中打开呢？

👦：爷爷，网页的打开方式是设计人员在设计网页时就决定的。不过为了方便使用，我们可以对 IE 的网页打开方式进行设置，以让所有网页都在同一 IE 窗口中打开，具体操作步骤如下。

1 启动 IE 浏览器，在工具栏上单击"工具"按钮，在展开的下拉菜单中，选择"Internet 选项"命令，打开"Internet 选项"对话框。

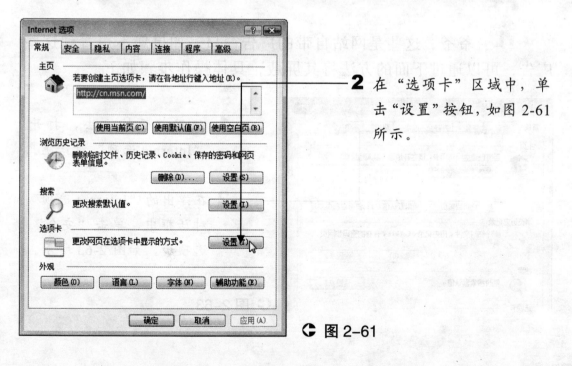

2 在"选项卡"区域中，单击"设置"按钮，如图 2-61 所示。

🔾 图 2-61

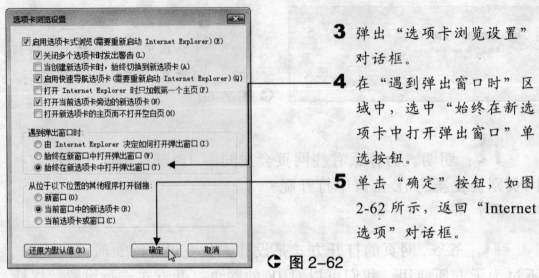

3 弹出"选项卡浏览设置"对话框。

4 在"遇到弹出窗口时"区域中，选中"始终在新选项卡中打开弹出窗口"单选按钮。

5 单击"确定"按钮，如图2-62所示，返回"Internet选项"对话框。

◐ 图2-62

6 在"Internet选项"对话框中，单击"确定"按钮即可。

：明明，我在打开很多网页时，为什么会弹出很多窗口啊？

：爷爷，这些是网站自带的广告窗口。如果您不想看到这些广告，可以通过下面的方法将其屏蔽，具体操作步骤如下。

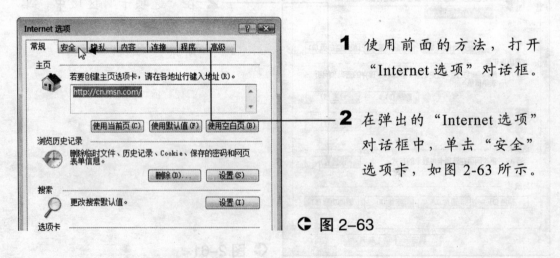

1 使用前面的方法，打开"Internet选项"对话框。

2 在弹出的"Internet选项"对话框中，单击"安全"选项卡，如图2-63所示。

◐ 图2-63

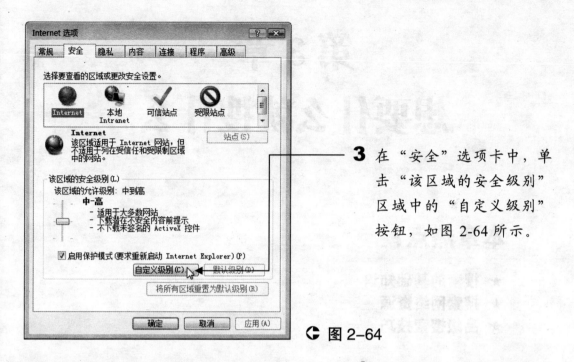

◔ 图 2-64

3 在"安全"选项卡中，单击"该区域的安全级别"区域中的"自定义级别"按钮，如图 2-64 所示。

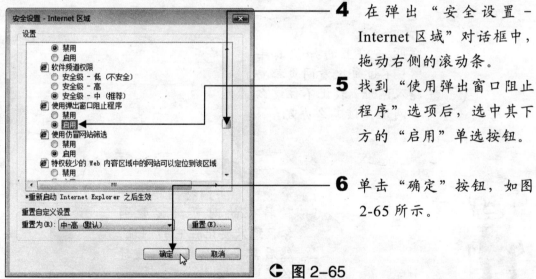

◔ 图 2-65

4 在弹出"安全设置 – Internet 区域"对话框中，拖动右侧的滚动条。

5 找到"使用弹出窗口阻止程序"选项后，选中其下方的"启用"单选按钮。

6 单击"确定"按钮，如图 2-65 所示。

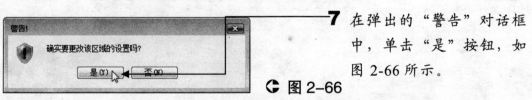

◔ 图 2-66

7 在弹出的"警告"对话框中，单击"是"按钮，如图 2-66 所示。

8 返回"Internet 选项"对话框后，单击"确定"按钮即可。

第3章
想要什么就搜什么

本章热点：

★ 搜索的基础知识
★ 搜索网络资源
★ 高级搜索技巧

明明，网上的知识真丰富！不过每次看网页都要输入网址，我记不住这么多网址，该怎么办呢？

爷爷！其实因特网中有一种特殊的网页叫搜索引擎，您只要记住它的网址，然后需要什么就可以搜什么了！

3.1　搜索的基础知识

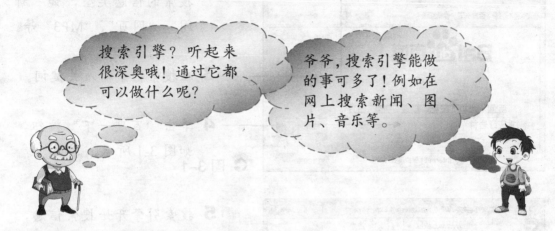

搜索引擎？听起来很深奥哦！通过它都可以做什么呢？

爷爷，搜索引擎能做的事可多了！例如在网上搜索新闻、图片、音乐等。

3.1.1　认识搜索引擎

　　搜索引擎是一种提供特殊服务的网站，它根据一定的规则，运用特定的电脑程序，把因特网上的所有信息进行归类，以帮助用户在"信息海洋"中搜索需要的信息。

　　常见的搜索引擎有"通过关键词搜索"和"通过分类目录搜索"两种搜索方式，例如百度、Google 简体中文和中国雅虎等。

3.1.2　通过关键词进行搜索

　　关键词是指能够代表需要搜索的信息的词组或者短句，例如需要了解重庆市红岩村的相关旅游信息，可以以"重庆红岩村"为关键词进行搜索。通过关键词可以非常方便快捷地搜索到需要的信息。

1.　如何使用关键词搜索

　　在搜索引擎的用户界面中，输入关键词并按【Enter】键，搜索引擎会根据关键词进行搜索，并将结果反馈给用户，具体操作步骤如下。

1 启动 IE 浏览器，在地址栏中输入"www.baidu.com"，并按【Enter】键，打开百度搜索引擎。

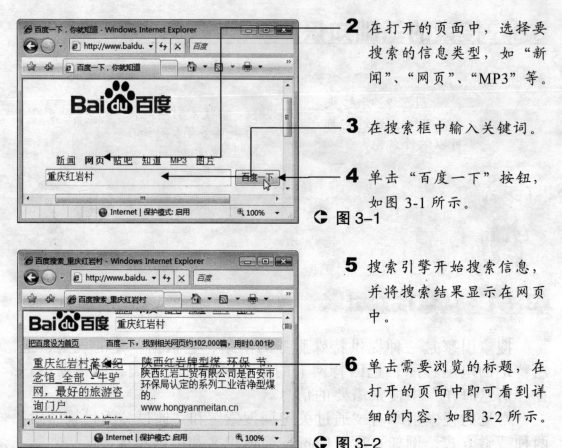

2 在打开的页面中，选择要搜索的信息类型，如"新闻"、"网页"、"MP3"等。

3 在搜索框中输入关键词。

4 单击"百度一下"按钮，如图 3-1 所示。

◖ 图 3-1

5 搜索引擎开始搜索信息，并将搜索结果显示在网页中。

6 单击需要浏览的标题，在打开的页面中即可看到详细的内容，如图 3-2 所示。

◖ 图 3-2

2. 如何正确挑选关键词

在使用关键词搜索信息时，选择一个合适的关键词是搜索成功的关键。用户所选的关键词应该具有代表性并符合搜索的主题。只有这样才能准确地搜索到有用的信息。下面介绍一些挑选关键词的注意事项。

★ 关键词应具有代表性，能够概括需要信息的主题，或者能够代表某些事物的特征等。例如，需要搜索"北京奥运会的官方网站"，可以将"北京奥运会"作为关键词。

★ 关键词的意思要表达准确。在搜索信息时，如果使用的关键词表达不够准确，可能会搜索出大量不相关的信息。

★ 关键词的文字输入应正确。如果关键词中存在错别字，搜索的效率会大大降低。

★ 有的搜索引擎会区分大小写，所以输入关键词时，应该注意大小写输入。例如，搜索的关键词为"windows vista"，就无法搜到有关"WINDOWS VISTA"和"Windows Vista"的信息了。

3. 常见关键词的输入方式

常见关键词的输入方式主要有以下几种。

★ 单个关键词：在搜索引擎的用户界面中，输入一个关键词进行搜索，搜索引擎会反馈所有与关键词相关的网页链接。

★ 给关键词加上双引号：在搜索引擎的用户界面中输入关键词时，可以为关键词加上双引号后，再进行搜索，搜索引擎会反馈所有网页中包含了完整的关键词的网页链接，其搜索结果会更加精确。

★ 在关键词前使用加减号：在搜索引擎的用户界面中输入多个关键词时，可以在次要的关键词前加上"+"，让其搜索结果包含次要关键字；而在次要关键词前加上"–"号，则搜索结果中将不包含次要关键词。

★ 在关键词中使用逻辑词：一般搜索引擎都支持用逻辑词来串联关键词进行更加复杂的查找。常用的逻辑词有 AND、OR、NOT 和 NEAR 等，分别表示前后关键词的并列、选择、否定和近似等关系。

3.1.3　通过分类目录进行搜索 ‖‖‖‖

分类目录方式是把因特网中的资源收集起来，并按资源类型的不同划分成不同的目录，搜索时只需要在指定的目录中进行搜索即可，具体操作步骤如下。

1 启动 IE 浏览器，在地址栏中输入网址"http://biz.yahoo.cn"，打开"中国雅虎商业搜索"网页。

◐ 图 3-3

2 在打开的页面中，会对各行各业的相关信息进行分类，并列出目录链接。

3 根据需要单击某个分类目录，例如"保健"链接，如图 3-3 所示。

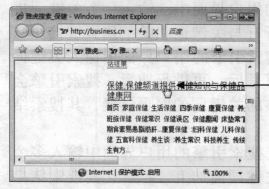

◐ 图 3-4

4 在接着打开的网页中，会显示一些可查阅的信息链接。

5 如果需要进一步地缩小信息范围，可单击相应的信息链接，如图 3-4 所示。

◐ 图 3-5

6 打开所选的信息链接，在其中可以选择需要浏览的标题，如图 3-5 所示。

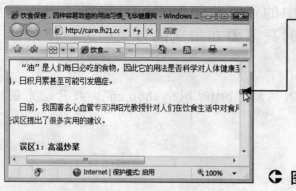

◐ 图 3-6

7 在打开的网页中，滚动鼠标滚轮就可以看到所选标题的具体内容了，如图 3-6 所示。

3.1.4　如何切换输入法

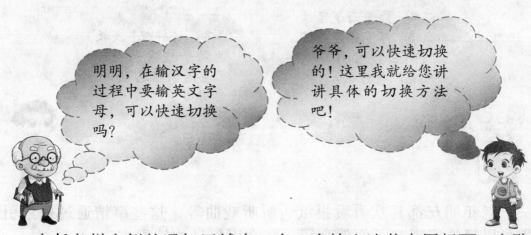

在任务栏右侧的通知区域中，有一个输入法状态图标，在默认情况下，显示为英文输入状态。如果电脑中安装了多种输入法，我们可以通过以下步骤选择适合自己的输入法。

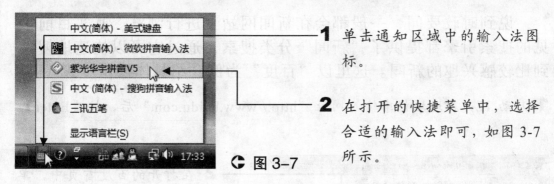

1 单击通知区域中的输入法图标。

2 在打开的快捷菜单中，选择合适的输入法即可，如图 3-7 所示。

☯ 图 3-7

除了上述方法外，还可以通过以下组合键来快速切换输入法。

★ 按【Shift+Ctrl】组合键，对输入法进行轮流切换，直至切换到自己需要的输入法。

★ 在中文输入状态下，按下【Ctrl+Enter】组合键，可切换至英文输入状态；再次按【Ctrl+Enter】组合键，可返回当前使用的汉字输入法。

3.2 搜索常用资源

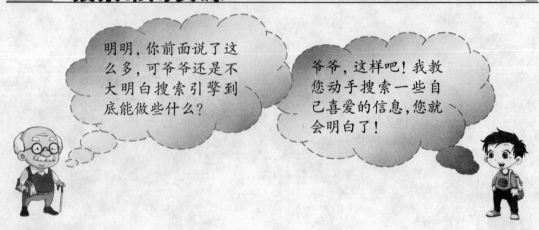

明明，你前面说了这么多，可爷爷还是不大明白搜索引擎到底能做些什么？

爷爷，这样吧！我教您动手搜索一些自己喜爱的信息，您就会明白了！

老年朋友都喜欢看看报纸、听听戏曲等，这些事情通过搜索引擎可以轻松实现。下面就介绍一些常用信息的搜索方法。

3.2.1 搜索时政要闻 ▮▮▮▮

说到时政要闻，一般都会在新闻网站上进行浏览。其实目前常见的搜索引擎都提供了"新闻"分类搜索，通过它可以快速地搜索到比较感兴趣的新闻。这里以"百度"为例介绍具体操作步骤。

1 启动 IE，在地址栏中输入网址"http://www.baidu.com"后，按【Enter】键。

2 在打开的百度首页中，单击"新闻"链接，如图 3-8 所示。

⊙ 图 3-8

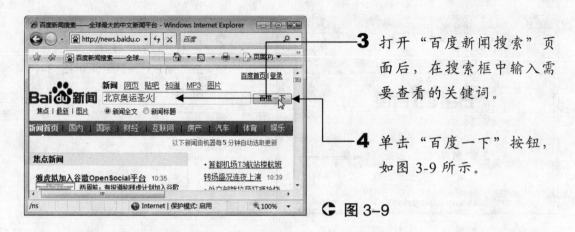

3 打开"百度新闻搜索"页面后，在搜索框中输入需要查看的关键词。

4 单击"百度一下"按钮，如图 3-9 所示。

◐ 图 3-9

小知识：使用"百度"搜索新闻时，选中搜索框下方的"新闻全文"单选按钮，将搜索出正文中含有指定关键词的所有新闻；如果选中"新闻标题"单选按钮，则将搜索出标题中含有关键词的所有新闻。

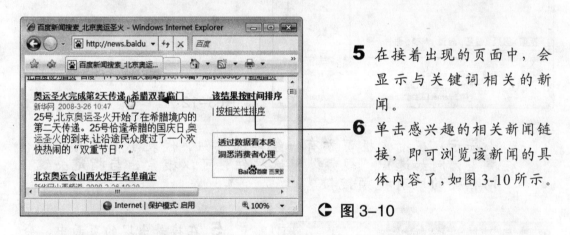

5 在接着出现的页面中，会显示与关键词相关的新闻。

6 单击感兴趣的相关新闻链接，即可浏览该新闻的具体内容了，如图 3-10 所示。

◐ 图 3-10

3.2.2　搜索戏曲 ||||

　　"杨门女将"、"岳母刺字"和"贵妃醉酒"等经典戏曲可以说是戏曲爱好者们的挚爱，特别是老年朋友。通过"百度"等搜索引擎就可以轻松搜索到喜爱的戏曲，下面以搜索戏曲"贵妃醉酒"为例进行介绍，具体操作步骤如下。

1 启动 IE，在地址栏中输入网址 http://www.baidu.com，并按【Enter】键。

2 在打开的百度首页中，单击"MP3"链接，如图 3-11 所示。

G 图 3-11

3 打开"百度 MP3"页面后，在搜索框中输入关键词，如"贵妃醉酒"。

4 单击"百度一下"按钮，如图 3-12 所示。

G 图 3-12

小提示：在搜索框下方有一组单选按钮，代表了不同的歌曲类型，例如选中"视频"单选按钮，可以搜索出与指定关键词相关的所有视频链接。

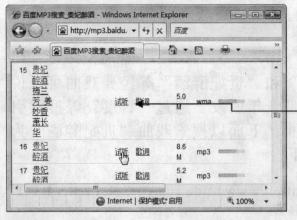

5 在接着出现的页面中，会将搜索到的音乐以列表形式显示出来。

6 找到合适的音乐链接，然后单击该链接右侧的"试听"链接，如图 3-13 所示。

G 图 3-13

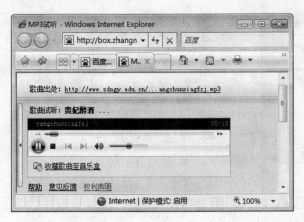

7 在打开的"MP3 试听"页面中,将从网上开始缓冲该音乐。

8 缓冲完成后,会自动进行播放,如图 3-14 所示。

↺ 图 3-14

 小提示: 在"MP3 试听"页面中,单击"歌曲出处"文本后面的链接地址,可以将该歌曲下载到电脑中。

3.2.3 搜索古玩字画

对于喜爱古玩字画的老年朋友,可以利用搜索引擎在网上搜索喜爱的古玩图片和书法名家的碑帖等。下面以搜索王羲之的兰亭序为例进行介绍,具体操作步骤如下。

1 启动 IE,在地址栏中输入网址"http://www.baidu.com",按【Enter】键后打开百度首页。

2 单击搜索框上边的"图片"链接,如图 3-15 所示。

↺ 图 3-15

3 打开"百度图片"页面后，在搜索框中输入关键词，如"王羲之 兰亭序"。

4 单击"百度一下"按钮，如图 3-16 所示。

◐ 图 3-16

 小提示：在搜索框下方有一组单选按钮，代表了不同的图片类型，例如选中"大图"单选按钮，则只能显示出尺寸较大的图片。

5 在接着出现的页面中，会以缩略图的形式显示出搜索到的图片。

6 根据图片下方的分辨率，单击合适的图片，将其打开，如图 3-17 所示。

◐ 图 3-17

 小提示：在搜索图片时，如果某个图片显示为红叉标记，则表示图片未能正常显示。这可能是由于网速太慢或者该图片禁止从外部链接打开等原因造成的。

7 在接着打开的网页中，会将图片以原始尺寸进行显示，如图 3-18 所示。

◐ 图 3-18

3.2.4　搜索保健知识

通过搜索引擎，除了可以搜索喜爱的戏曲和图片外，还可以从网上搜索很多非常有用的老年保健知识，具体操作步骤如下。

1 启动 IE，在地址栏中输入网址 "http://www.baidu.com"，按【Enter】键后打开百度首页。

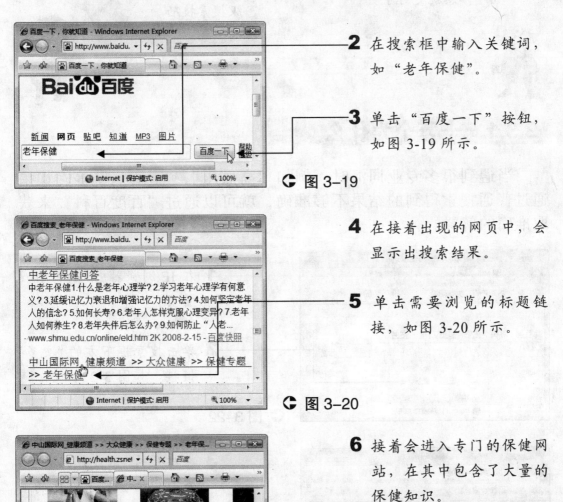

2 在搜索框中输入关键词，如"老年保健"。

3 单击"百度一下"按钮，如图 3-19 所示。

◐ 图 3-19

4 在接着出现的网页中，会显示出搜索结果。

5 单击需要浏览的标题链接，如图 3-20 所示。

◐ 图 3-20

6 接着会进入专门的保健网站，在其中包含了大量的保健知识。

7 单击指定的链接，在打开的页面中即可查看详细的内容了，如图 3-21 所示。

◐ 图 3-21

3.3 高级搜索技巧

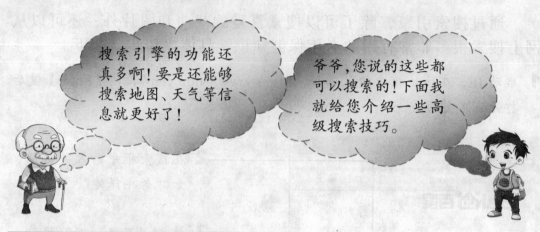

搜索引擎的功能还真多啊！要是还能够搜索地图、天气等信息就更好了！

爷爷，您说的这些都可以搜索的！下面我就给您介绍一些高级搜索技巧。

3.3.1 十万个为什么

当遇到很多专业词汇时，例如"高血压"、"冠心病"等，如果通过普通搜索得到的结果不够准确，就可以通过"百度百科"来获取准确的解释。

1 在 IE 浏览器中，打开百度首页。

2 单击搜索框下方的"更多"链接，如图 3-22 所示。

↻ 图 3-22

3 在打开的"百度产品大全"页面中，会显示百度的全部产品。

4 在产品列表中找到"百科"，然后单击该产品，如图 3-23 所示。

↻ 图 3-23

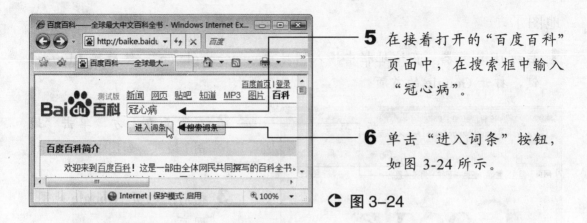

5 在接着打开的"百度百科"
页面中，在搜索框中输入
"冠心病"。

6 单击"进入词条"按钮，
如图 3-24 所示。

● 图 3-24

小提示：在搜索框下单击"进入词条"按钮，可以进入最为
匹配的词条中；如果单击"搜索词条"按钮，则会将搜索到
的词条按标题的形式列出，此时需要单击相应的标题才能进
入词条。

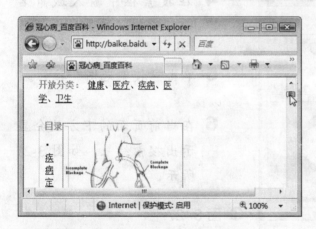

7 在打开的页面中，就可以
查看"冠心病"的详细信
息了，如图 3-25 所示。

● 图 3-25

3.3.2　地图搜索功能

目前使用最广的"百度"和"Google"两种搜索引擎都具有地图
搜索功能，通过它可以搜索全国各地的城市地图和行车线路。这里
以 Google 的地图搜索为例进行介绍。

1. 搜索城市地图

Google 的城市地图搜索功能非常强大，并且操作简单。只需要
输入具体的城市名称，然后按【Enter】键，即可查询该城市的详细

地图了。

1 启动 IE 浏览器，在地址栏中输入网址 "www.google.cn"，然后按【Enter】
键，打开 Google 的首页。

2 在页面左上方，单击"地
图"链接，如图 3-26 所示。

3 稍后会打开"Google 地图"
网页。

☉ 图 3-26

4 在搜索框中输入城市名
称，例如"重庆"。

5 单击"搜索地图"按钮。

6 在当前页面的下方就会显
示出搜索结果，如图 3-27
所示。

☉ 图 3-27

搜索到指定城市的地图后，可以通过以下操作来浏览地图。

★ 单击地图右侧的↑、↓、←和→按钮，可以向不同的方向平移
地图；单击⊠按钮，则返回地图的初始状态。

★ 单击地图中的⊞或⊟按钮，可以放大或缩小地图的显示比例，
通过双击鼠标左键或右键也能够实现该功能。

★ 将鼠标指针指向地图，当鼠标指针变为❤形状时，拖动鼠标
可以移动地图。

★ 单击"搜索结果"栏中间的折叠箭头◀，可以折叠左边的地点
列表，扩大地图的显示范围。

◆ 在"搜索结果"栏的左侧单击某个地点,在右侧就会显示出该地点的区域地图。

 小知识:百度搜索引擎也具有地图搜索功能,其使用方法和 Google 类似,其网址为:http://ditu.baidu.com。

2. 查询行车线路

利用 Google 的地图搜索功能,还可以查询某个地区的行车线路,下面以搜索"重庆沙坪坝"到"重庆朝天门广场"的行车线路为例进行介绍,具体操作步骤如下。

1 启动 IE,在地址栏中输入网址"www.google.cn",并按【Enter】键,打开 Google 的首页。

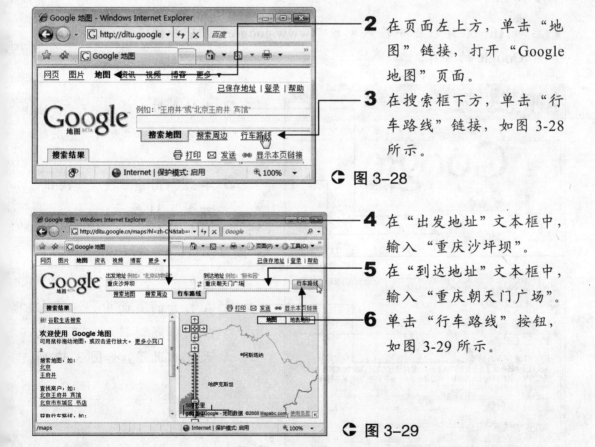

2 在页面左上方,单击"地图"链接,打开"Google 地图"页面。

3 在搜索框下方,单击"行车路线"链接,如图 3-28 所示。

◐ 图 3-28

4 在"出发地址"文本框中,输入"重庆沙坪坝"。

5 在"到达地址"文本框中,输入"重庆朝天门广场"。

6 单击"行车路线"按钮,如图 3-29 所示。

◐ 图 3-29

7 在"搜索结果"栏中，就可以看到具体的行车路线了，如图 3-30 所示。

⊙ 图 3-30

3.3.3　查询天气情况 ▮▮▮▮

　　"百度"和"Google"等搜索引擎都可以查询全国各地的天气情况，这里以通过 Google 查询重庆的天气情况为例进行介绍，具体操作步骤如下。

1 启动 IE，在地址栏中输入网址 "www.google.cn"，并按【Enter】键，打开 Google 的首页。

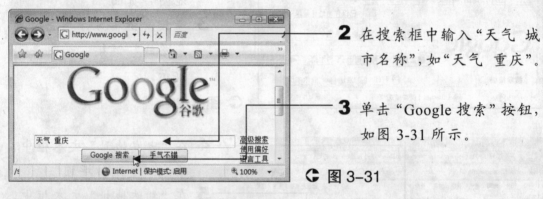

2 在搜索框中输入"天气 城市名称"，如"天气 重庆"。

3 单击"Google 搜索"按钮，如图 3-31 所示。

⊙ 图 3-31

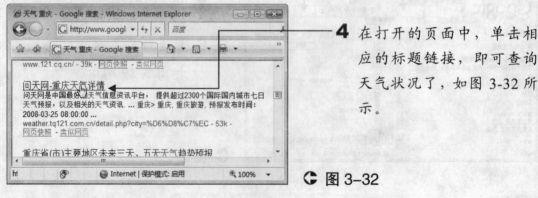

4 在打开的页面中，单击相应的标题链接，即可查询天气状况了，如图 3-32 所示。

⊙ 图 3-32

3.3.4　查询邮政编码

百度邮编搜索由国家邮政局名址信息中心提供数据，通过它可搜索全国 354 个城市的 37823 个邮政编码，使用起来很方便。

1 通过 IE 浏览器打开百度首页（www.baidu.com）。

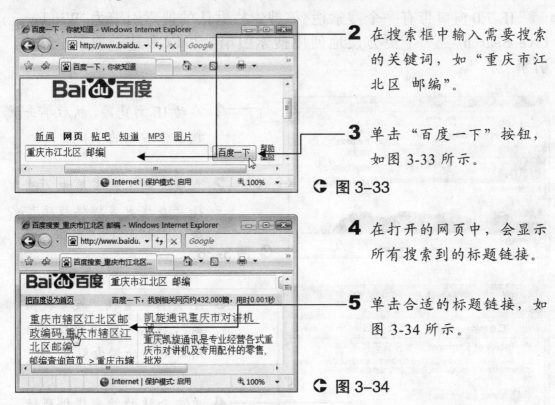

2 在搜索框中输入需要搜索的关键词，如"重庆市江北区　邮编"。

3 单击"百度一下"按钮，如图 3-33 所示。

　图 3-33

4 在打开的网页中，会显示所有搜索到的标题链接。

5 单击合适的标题链接，如图 3-34 所示。

　图 3-34

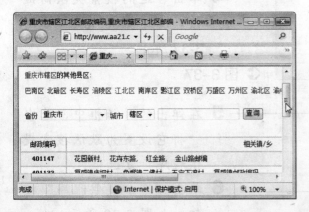

6 在接着打开的网页中，就可以查看到相关的邮编信息了，如图 3-35 所示。

　图 3-35

在查询邮政编码时可以运用一些技巧，例如使用"信义街　邮政编码"之类的关键词组合，可以找到全国所有信义街所使用的邮政编码信息；而如果输入"400000"之类的关键词，则可以找到使用此邮政编码的地区。

3.3.5　设置 IE 浏览器的默认搜索引擎

　　IE 7.0 窗口带有一个搜索栏，该搜索栏默认的搜索引擎为"Windows Live Search"。为了更方便地使用搜索引擎，可以为其添加多个搜索引擎。

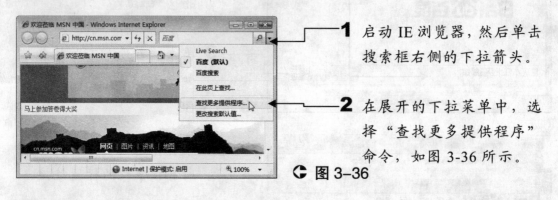

1 启动 IE 浏览器，然后单击搜索框右侧的下拉箭头。

2 在展开的下拉菜单中，选择"查找更多提供程序"命令，如图 3-36 所示。

◗ 图 3-36

3 IE 会自动查找"搜索提供商"，搜索完毕后会显示出所有可用的搜索引擎。

4 单击合适的搜索提供商链接，如"Google"，如图 3-37 所示。

◗ 图 3-37

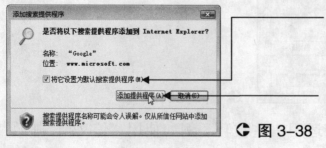

5 在弹出的对话框中，选中"将它设置为默认搜索提供程序"复选框。

6 单击"添加提供程序"按钮，如图 3-38 所示。

◗ 图 3-38

7 设置完成后，IE 的默认搜索引擎就被更改为 "Google" 了。

如果在 IE 浏览器中添加了多个搜索引擎，则可以更改默认的搜索引擎或删除不想要的搜索引擎。

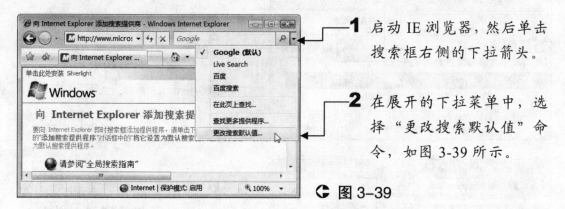

1 启动 IE 浏览器，然后单击搜索框右侧的下拉箭头。

2 在展开的下拉菜单中，选择 "更改搜索默认值" 命令，如图 3-39 所示。

⊙ 图 3-39

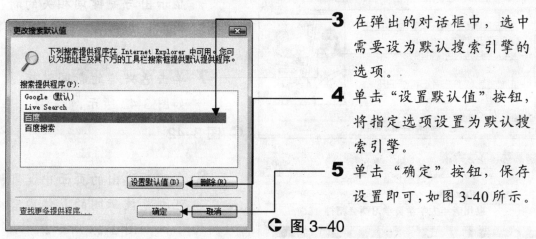

3 在弹出的对话框中，选中需要设为默认搜索引擎的选项。

4 单击 "设置默认值" 按钮，将指定选项设置为默认搜索引擎。

5 单击 "确定" 按钮，保存设置即可，如图 3-40 所示。

⊙ 图 3-40

 小知识：在 "更改搜索默认值" 对话框中，选中不想要的搜索引擎，然后单击 "删除" 按钮，可以将该引擎删除掉。

3.4　活学活用——搜索 "两会" 要闻

本章介绍了搜索引擎及其使用方法，下面就运用所学知识，在百度首页中搜索今年 "两会" 的相关新闻。

1 打开 IE 浏览器，在地址栏中输入网址 "http://www.baidu.com"，然后按【Enter】键。

2 在打开的百度首页中，单击"新闻"链接。

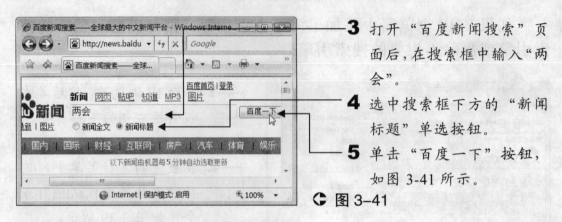

3 打开"百度新闻搜索"页面后，在搜索框中输入"两会"。

4 选中搜索框下方的"新闻标题"单选按钮。

5 单击"百度一下"按钮，如图 3-41 所示。

☞ 图 3-41

6 在接着出现的页面中，会显示出与关键词相关的新闻。

7 单击感兴趣的新闻链接，如图 3-42 所示。

☞ 图 3-42

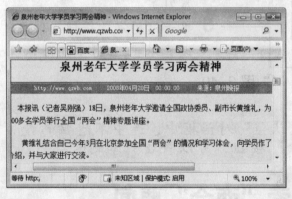

8 在稍后弹出的页面中，即可浏览该新闻的具体内容了，如图 3-43 所示。

☞ 图 3-43

3.5 疑难解答

：明明，爷爷在输入关键词时，有时搜索框下方会出现一些以前搜索过的关键词，如何清除这些关键词呢？

：爷爷，清除的方法很简单！只要在 IE 的菜单栏上，选择"工具"→"Internet 选项"命令，打开"Internet 选项"对话框。切换到"内容"选项卡，单击"自动完成"按钮，打开"自动完成设置"对话框，单击"清除表单"按钮即可。

：明明，爷爷手机里有一些陌生来电，能不能通过搜索引擎搜索这些号码的归属地呢？

：可以！常见的搜索引擎都能够自动识别以"13"或"15"开头的手机号码，具体操作步骤如下。

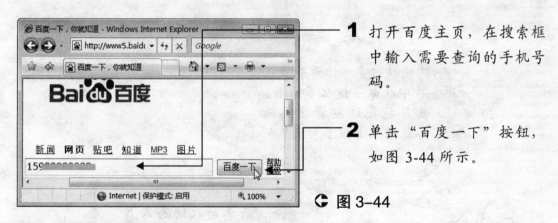

1 打开百度主页，在搜索框中输入需要查询的手机号码。

2 单击"百度一下"按钮，如图 3-44 所示。

◐ 图 3-44

3 在打开的页面中，即可查看该手机号码的归属地了，如图 3-45 所示。

◐ 图 3-45

第4章
"鼠"不尽的资源下载

本章热点：

★ 初识网络下载
★ 使用 IE 下载资源
★ 使用网际快车下载资源
★ 管理下载文件夹

明明快过来，你看爷爷在 IE 中收藏了这么多网页，要是能把这些资源都保存到电脑上该多好啊！

爷爷，我正想教您怎么下载这些资源呢！把这些资源下载到电脑上后，就不需要将其加入收藏夹那么麻烦了！

4.1　初识网络下载

当用户在漫无边际的因特网中尽情享受冲浪带来的乐趣时，如果搜索到自己需要的资源，如软件、电影等，此时可以将这些资源下载到电脑上，为以后浏览提供方便。

4.1.1　网络资源的下载方式

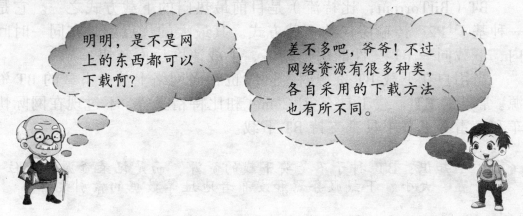

明明，是不是网上的东西都可以下载啊？

差不多吧，爷爷！不过网络资源有很多种类，各自采用的下载方法也有所不同。

因特网上可供下载的资源多种多样，各自采用的下载方式也是五花八门。例如比较常用的有 HTTP 下载、FTP 下载、BT 下载、eMule 下载以及流媒体下载等。

1. HTTP 下载

HTTP 下载是指从网站服务器上下载所需资源，这种下载方式最为常见。在进行 HTTP 下载时，可以通过 IE 浏览器直接下载，也可通过专门的下载工具来进行下载，例如网际快车（FlashGet）和迅雷（Thunder）等。

2. FTP 下载

FTP 下载是基于 FTP（File Transfer Protocol）文件传输协议的下载方式。在进行 FTP 下载时，首先需要登录到指定的 FTP 服务器上，然后浏览资源并将需要的资源下载到电脑中。

由于 FTP 下载方式具有限制连接人数、屏蔽指定 IP 地址以及控制下载速度等特点，所以其网速稳定，比较适合传输大文件。目前常见的 FTP 下载工具有专业的 CuteFTP、通用的网际快车和迅雷等。

小提示：不论是 HTTP 下载，还是 FTP 下载，如果在同一时间内下载的人数很多，则下载速度会减慢。

3. BT 下载

BT（BitTorrent，比特流）是目前最热门的下载方式之一。它是一种基于 P2P 传输协议的下载方式。其最大的优点就是在同一时间内，下载同一 BT 文件的用户越多，下载速度反而越快。

当用户在下载 BT 资源时，同时也在向网络上传已下载的 BT 资源。常见的 BT 下载工具有 BitComet 和比特精灵等，不过现在网际快车和迅雷等下载工具都支持 BT 下载。

小知识：BT 种子不是要下载的资源，而是记录资源存放位置、大小、下载服务器和发布者地址等数据的索引文件。

4. eMule 下载

eMule 称为电驴下载，它同样是一种基于 P2P 文件传输协议的下载方式，当同一个资源下载的人越多，则下载速度越快。目前 eMule 已是世界上下载资源最多且最可靠的点对点共享方式。

使用 eMule 下载时，当前下载的资源会以特殊的格式放在指定目录中，待全部下载完成后才转换为正常格式。此时如果没有改变资源的存放目录，只要打开 eMule 就可以自动上传已下载的 eMule 资源。常见的 eMule 下载工具有 eMule、网际快车和迅雷等。

5. 流媒体下载

流媒体是指采用流式传输的方式在因特网上播放的媒体格式，如音频和视频等。在下载流媒体时，流媒体的数据流可以一边传送一边播放，而不需要等整个文件下载完成后再进行播放。

目前常见的流媒体传输协议主要包括 Real Networks 开发的

RTSP 和微软开发的 MMS，所以采用 RealPlayer 或 Windows Media Player 即可在线收看或收听。此外，网络传送带也是常用的流媒体下载软件。

4.1.2　常用的资源下载站

　　常见的网络资源包括电影、音乐、软件和游戏等，目前很多网站都提供了这些资源的下载，这里介绍一些常用的资源下载站。

　　常用的软件下载站如下。

★　　华军软件园：http://www.newhua.com
★　　天空软件站：http://www.skycn.com
★　　太平洋软件下载：http://www.pconline.com.cn/download
★　　新浪下载：http://tech.sina.com.cn/down

　　常见的 BT 资源下载站如下。

★　　贪婪大陆：http://bt.greedland.net
★　　BT 之家：http://bbs.btbbt.com
★　　BT@China 联盟：http://www.btchina.net
★　　天天 BT：http://www.ttbt.cn

　　常见的 eMule 资源下载站如下。

★　　VeryCD 分享：http://www.verycd.com
★　　PPCN：http://emule.ppcn.net
★　　中国驴：http://www.edonkey2000.cn
★　　东北电驴：http://www.eye888.com
★　　U 影：http://p2p.uying.com

　　常见的综合资源下载站如下。

★　　http://www.kuaiche.com
★　　http://www.xunlei.com

　　小知识：在 IE 浏览器中输入网址"http://site.baidu.com"，在打开的"百度网址大全"网页中可以看到各种资源的网站分类，单击某个标题即可进入指定的资源下载站。

4.2 通过 IE 浏览器下载

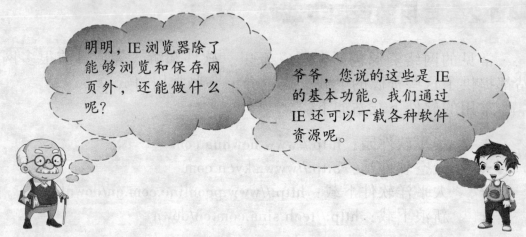

> 明明，IE 浏览器除了能够浏览和保存网页外，还能做什么呢？

> 爷爷，您说的这些是 IE 的基本功能。我们通过 IE 还可以下载各种软件资源呢。

当我们需要下载软件时，如果没有专门的下载工具，也可以使用 IE 来下载资源，具体操作步骤如下。

1 启动 IE 浏览器，在地址栏中输入网址"www.flashget.com"，然后按【Enter】键，进入"网际快车"软件的官方主页。

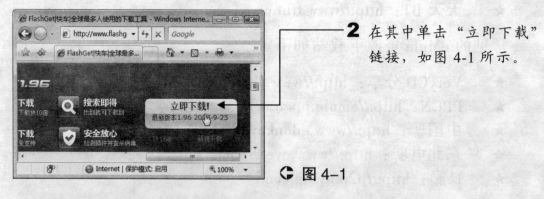

2 在其中单击"立即下载"链接，如图 4-1 所示。

◖ 图 4-1

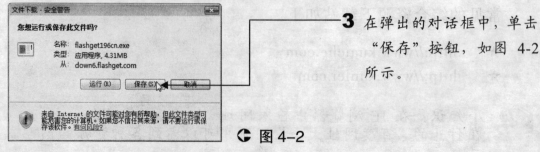

3 在弹出的对话框中，单击"保存"按钮，如图 4-2 所示。

◖ 图 4-2

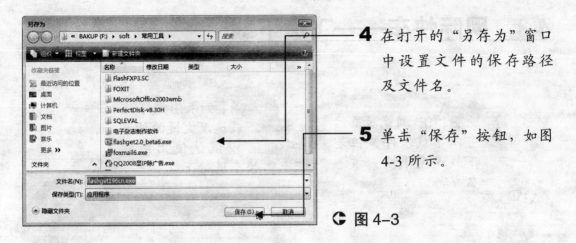

4 在打开的"另存为"窗口中设置文件的保存路径及文件名。

5 单击"保存"按钮，如图 4-3 所示。

◐ 图 4-3

6 在弹出的对话框中开始下载文件，并显示文件的下载进度，如图 4-4 所示。

◐ 图 4-4

 小提示：如果选中"下载完成后关闭此对话框"复选框，待文件下载完成后会自动关闭该对话框，而不会弹出"下载完毕"对话框。

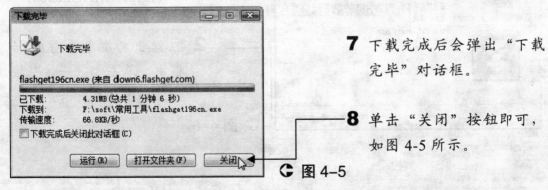

7 下载完成后会弹出"下载完毕"对话框。

8 单击"关闭"按钮即可，如图 4-5 所示。

◐ 图 4-5

值得注意的是，如果需要下载的资源非常大，则最好不要使用 IE 来进行下载。推荐使用专门的下载工具，例如网际快车和迅雷等。

4.3 网际快车——飞速下载

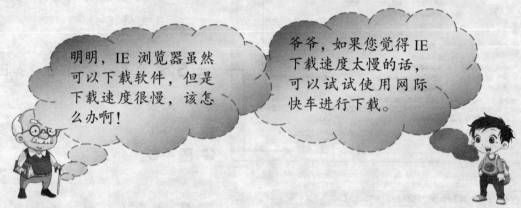

明明，IE 浏览器虽然可以下载软件，但是下载速度很慢，该怎么办啊！

爷爷，如果您觉得 IE 下载速度太慢的话，可以试试使用网际快车进行下载。

网际快车（FlashGet）是一款非常优秀的下载工具，它提供了强大的断点续传、多任务多线程下载、FTP 资源搜索以及下载任务管理等功能。这里就以网际快车为例介绍常见资源的下载方法。

4.3.1 安装网际快车

在网际快车的官方网站（www.flashget.com）上下载软件的最新版本。接着就可以对其进行安装，具体安装步骤如下。

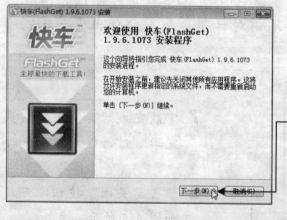

1 在下载文件夹中，双击网际快车的安装文件（flashgetXXXcn.exe）。

2 在弹出的安装向导对话框中，单击"下一步"按钮，如图 4-6 所示。

◐ 图 4-6

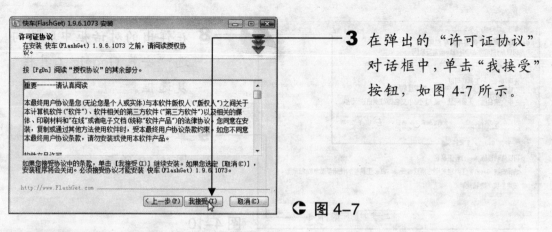

3 在弹出的 "许可证协议"
对话框中,单击"我接受"
按钮,如图 4-7 所示。

◑ 图 4-7

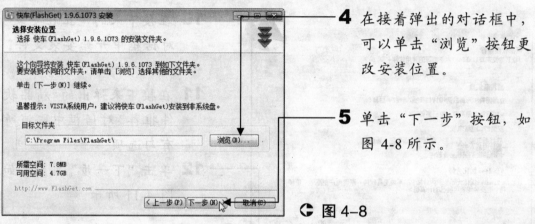

4 在接着弹出的对话框中,
可以单击"浏览"按钮更
改安装位置。

5 单击 "下一步" 按钮,如
图 4-8 所示。

◑ 图 4-8

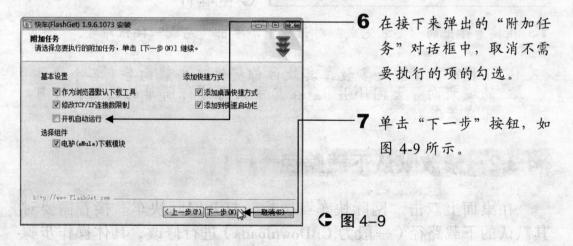

6 在接下来弹出的 "附加任
务"对话框中,取消不需
要执行的项的勾选。

7 单击 "下一步" 按钮,如
图 4-9 所示。

◑ 图 4-9

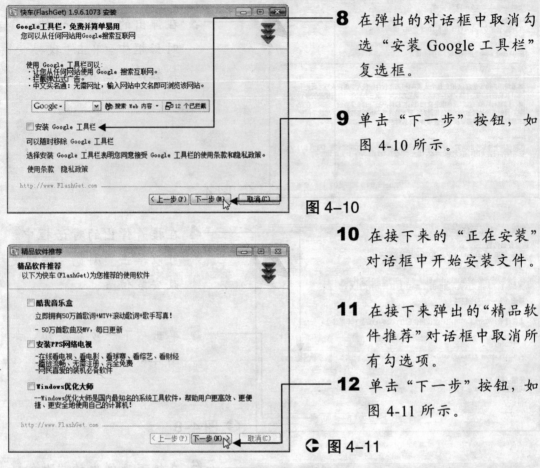

8 在弹出的对话框中取消勾选"安装 Google 工具栏"复选框。

9 单击"下一步"按钮，如图 4-10 所示。

图 4-10

10 在接下来的"正在安装"对话框中开始安装文件。

11 在接下来弹出的"精品软件推荐"对话框中取消所有勾选项。

12 单击"下一步"按钮，如图 4-11 所示。

⟳ 图 4-11

13 在接着弹出的"安装完成"对话框中，单击"完成"按钮即可。

 小提示：目前大多数工具软件都提供了安装向导（各个软件的安装向导大同小异），在其中只需进行简单的设置，即可完成安装。

4.3.2 修改默认下载路径 ▌▌▌▌

在桌面上双击"网际快车"图标，打开网际快车。接着需要对其默认的下载路径（一般为 C:\Downloads）进行修改，具体操作步骤如下。

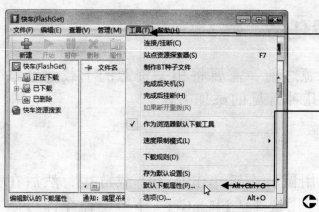

1 在软件主界面中，单击菜单栏上的"工具"菜单。

2 在展开的下拉菜单中，选择"默认下载属性"命令，如图 4-12 所示。

◐ 图 4-12

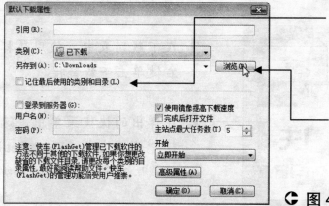

3 在弹出的"默认下载属性"对话框中，选中"记住最后使用的类别和目录"复选框。

4 单击"浏览"按钮，如图 4-13 所示。

◐ 图 4-13

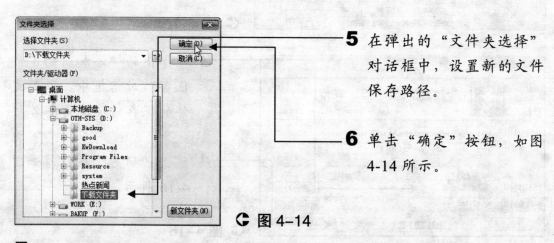

5 在弹出的"文件夹选择"对话框中，设置新的文件保存路径。

6 单击"确定"按钮，如图 4-14 所示。

◐ 图 4-14

7 返回到"默认下载属性"对话框后，单击"确定"按钮，保存设置即可。

4.3.3　快速添加下载任务 ▎▎▎▎

　　在使用网际快车下载资源之前，需要将相关资源的下载地址添加到网际快车中，下面介绍几种常见的添加方法。

1. 通过右键菜单下载

　　在资源下载列表中，使用鼠标右键单击某个下载链接，然后在弹出的快捷菜单中，选择"使用快车（FlashGet）下载"命令即可添加任务，具体操作步骤如下。

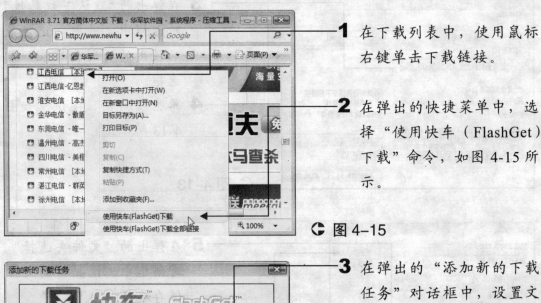

1 在下载列表中，使用鼠标右键单击下载链接。

2 在弹出的快捷菜单中，选择"使用快车（FlashGet）下载"命令，如图 4-15 所示。

◐ 图 4-15

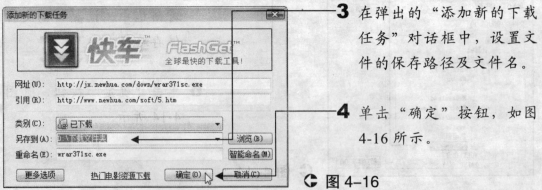

3 在弹出的"添加新的下载任务"对话框中，设置文件的保存路径及文件名。

4 单击"确定"按钮，如图 4-16 所示。

◐ 图 4-16

　　小提示：网际快车具有自动监控网页中的单击操作的功能，如果单击的目标为可下载链接，则会自动启动网际快车，并弹出"添加新的下载任务"对话框。

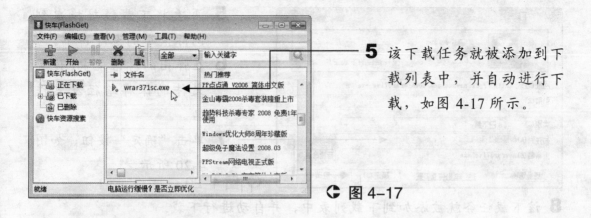

5 该下载任务就被添加到下载列表中，并自动进行下载，如图 4-17 所示。

🕒 图 4-17

2. 通过拖曳进行下载

打开网际快车后，在屏幕右上角就会出现一个悬浮窗⬇。该悬浮窗一般用于显示文件的下载状态，其实通过将超级链接拖曳到该悬浮窗中，也可以快速地添加下载任务，具体操作步骤如下。

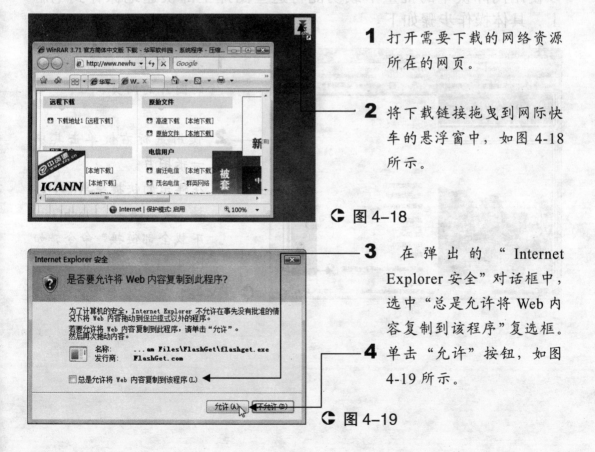

1 打开需要下载的网络资源所在的网页。

2 将下载链接拖曳到网际快车的悬浮窗中，如图 4-18 所示。

🕒 图 4-18

3 在弹出的"Internet Explorer 安全"对话框中，选中"总是允许将 Web 内容复制到该程序"复选框。

4 单击"允许"按钮，如图 4-19 所示。

🕒 图 4-19

83

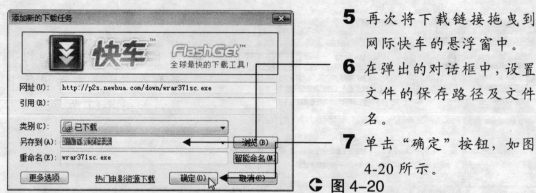

5 再次将下载链接拖曳到网际快车的悬浮窗中。

6 在弹出的对话框中，设置文件的保存路径及文件名。

7 单击"确定"按钮，如图4-20所示。

◐ 图4-20

8 该下载任务就被添加到下载列表中，并自动进行下载。

4.3.4 批量下载图片

在浏览网页时经常会遇到同一页面中有很多精美的图片，如果通过"图片另存为"命令逐一进行保存，则会非常麻烦。此时就可以使用网际快车的批量下载功能将这些图片全部快速地保存到电脑上，具体操作步骤如下。

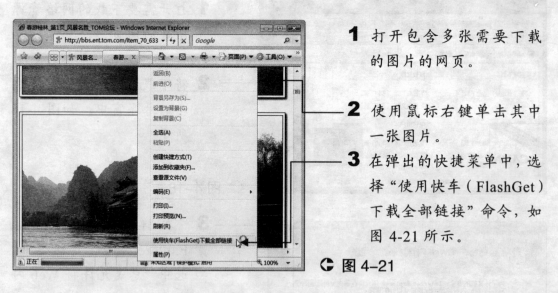

1 打开包含多张需要下载的图片的网页。

2 使用鼠标右键单击其中一张图片。

3 在弹出的快捷菜单中，选择"使用快车（FlashGet）下载全部链接"命令，如图4-21所示。

◐ 图4-21

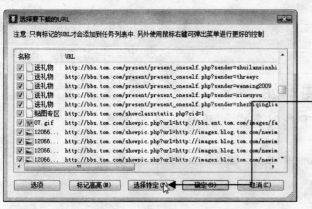

4 自动启动网际快车，并弹出"选择要下载的 URL"对话框。

5 在其中会显示所有可用链接，单击"选择特定"按钮，如图 4-22 所示。

◐ 图 4-22

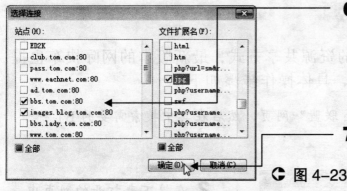

6 在弹出的"选择连接"对话框中，根据需要下载的 URL 选择合适的站点及图片格式。

7 单击"确定"按钮，如图 4-23 所示。

◐ 图 4-23

8 返回到"选择要下载的 URL"对话框后，单击"确定"按钮，如图 4-24 所示。

◐ 图 4-24

9 在弹出的对话框中，设置文件的保存路径及文件名。

10 单击"确定"按钮，如图 4-25 所示。

◐ 图 4-25

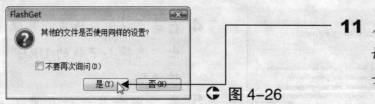

11 在弹出的"FlashGet"对话框中,单击"是"按钮,如图 4-26 所示。

➧ 图 4-26

12 所选的全部链接都被添加到下载列表中,并自动进行下载。

 小提示:该方法同样可用于在同一网页中下载多个其他资源。

4.3.5 下载 BT 资源 ▏▎▏▎▏

BT 是一种非常流行的资源共享方式,最新版本的网际快车也提供了 BT 资源的下载支持,具体操作步骤如下。

1 在 IE 中打开"BT@China 联盟"网页,然后在其中搜索需要的 BT 种子,如"百家讲坛"。

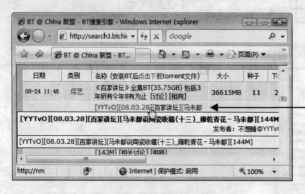

2 在接下来打开的网页中,找到需要下载的 BT 种子。

3 查看当前种子是否为"0",如果种子比较多,则单击该项,如图 4-27 所示。

➧ 图 4-27

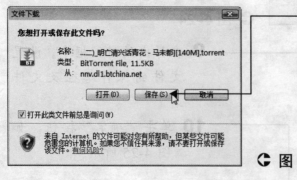

4 在弹出的"文件下载"对话框中,单击"保存"按钮,如图 4-28 所示。

➧ 图 4-28

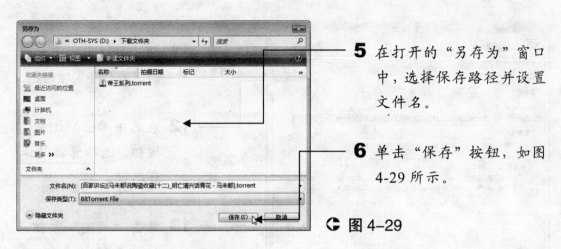

5 在打开的"另存为"窗口中，选择保存路径并设置文件名。

6 单击"保存"按钮，如图 4-29 所示。

⬅ 图 4-29

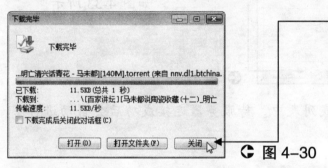

7 在接着弹出的"下载完毕"对话框中，单击"关闭"按钮，如图 4-30 所示。

⬅ 图 4-30

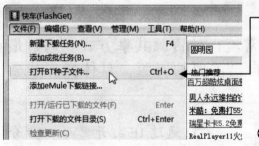

8 在网际快车的菜单栏中，选择"文件"→"打开 BT 种子文件"命令，如图 4-31 所示。

⬅ 图 4-31

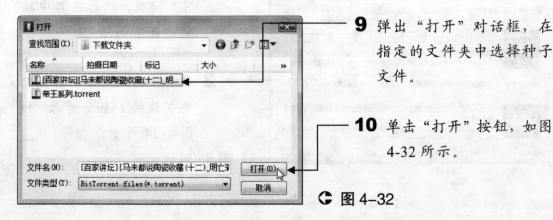

9 弹出"打开"对话框，在指定的文件夹中选择种子文件。

10 单击"打开"按钮，如图 4-32 所示。

⬅ 图 4-32

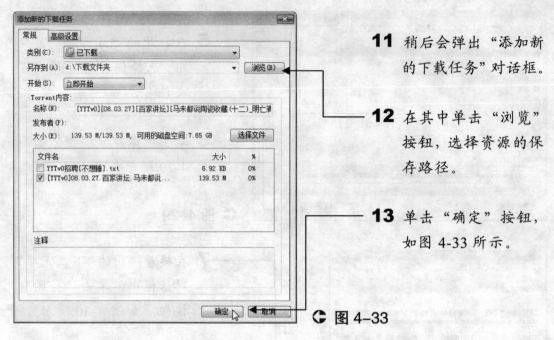

11 稍后会弹出"添加新的下载任务"对话框。

12 在其中单击"浏览"按钮，选择资源的保存路径。

13 单击"确定"按钮，如图 4-33 所示。

◐ 图 4-33

14 该 BT 资源会被添加到下载列表中，待服务器连接成功后会自动进行下载。

4.3.6 下载 eMule 资源 ||||

　　电驴（eMule）和 BT 一样是非常流行的资源共享方式。通过最新版本的网际快车也能快速地下载自己需要的资源，具体操作步骤如下。

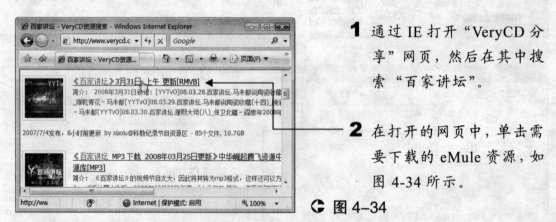

1 通过 IE 打开"VeryCD 分享"网页，然后在其中搜索"百家讲坛"。

2 在打开的网页中，单击需要下载的 eMule 资源，如图 4-34 所示。

◐ 图 4-34

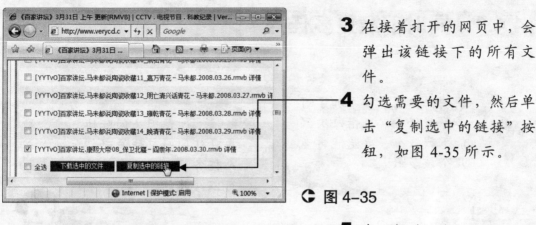

3 在接着打开的网页中，会弹出该链接下的所有文件。

4 勾选需要的文件，然后单击"复制选中的链接"按钮，如图 4-35 所示。

○ 图 4-35

5 在弹出的 "Internet Explorer" 对话框中，单击"允许访问"按钮，如图 4-36 所示。

○ 图 4-36

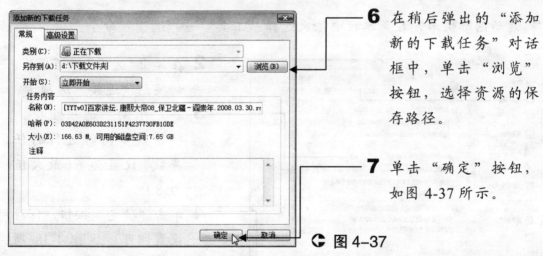

6 在稍后弹出的"添加新的下载任务"对话框中，单击"浏览"按钮，选择资源的保存路径。

7 单击"确定"按钮，如图 4-37 所示。

○ 图 4-37

8 该 eMule 资源会被添加到下载列表中，待服务器连接成功后会自动进行下载。

4.4 网际快车的高级技巧

通过前面介绍的知识，相信用户可以轻松下载需要的资源了。此时如果对网际快车进行合理设置，还可以获得更佳的下载体验。

4.4.1　同时下载更多任务

明明，你看爷爷添加了好多下载任务。可惜每次只能下载 3 个，要是能再多几个该多好!

爷爷，这是因为网际快车默认同时只能启动 3 个任务。不过这个值是可以修改的。

　　默认情况下，网际快车每次只能下载 3 个任务。如果希望同时下载更多任务，可以通过更改相应设置来增加下载任务数，具体操作步骤如下。

1 启动网际快车，在菜单栏中依次选择"工具"→"选项"命令。

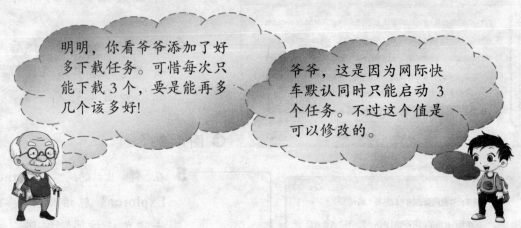

2 在弹出"选项"对话框后，切换到"连接"选项卡。

3 在"限制"选项组中，将"最多同时进行的任务数"设置为 6（最大值为 8）。

4 单击"确定"按钮，保存设置即可，如图 4-38 所示。

🔄 图 4-38

4.4.2　为网际快车加把油

　　使用网际快车可以把文件分成多个线程（最多 10 个）同时下载，以获得多出单线程几倍的下载速度。使用多线程进行下载的具体操作步骤如下。

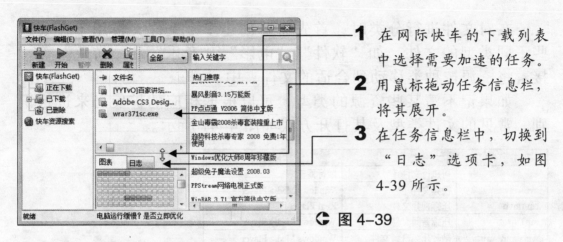

1　在网际快车的下载列表中选择需要加速的任务。

2　用鼠标拖动任务信息栏，将其展开。

3　在任务信息栏中，切换到"日志"选项卡，如图4-39所示。

◐ 图 4-39

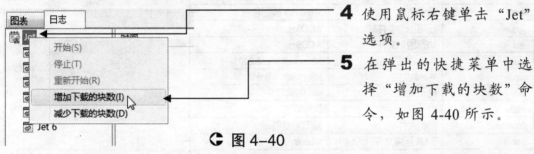

4　使用鼠标右键单击"Jet"选项。

5　在弹出的快捷菜单中选择"增加下载的块数"命令，如图 4-40 所示。

◐ 图 4-40

6　重复上面的操作，将该任务的下载块数增加为 10（最大），此时该任务的下载速度会得到一定的提高。

4.5　整理下载文件夹

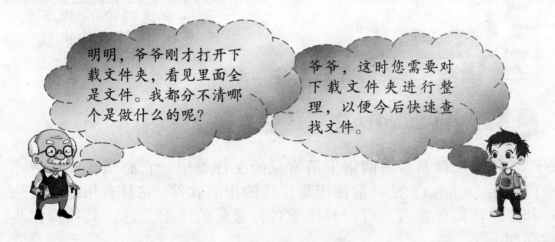

明明，爷爷刚才打开下载文件夹，看见里面全是文件。我都分不清哪个是做什么的呢？

爷爷，这时您需要对下载文件夹进行整理，以便今后快速查找文件。

4.5.1　对下载文件进行分类

在对文件进行分类时，首先需要创建多个文件夹，用于存放这些不同类型的文件，如"软件"、"电影"、"音乐"和"游戏"等。接着将资源按种类移动到合适的文件夹中。

如果记不清某些资源的类型，可以根据相应的扩展名来进行识别，常见的文件类型及其打开方式如图 4-41 所示。

扩展名	文件类型	打开方式
.exe	可执行文件	鼠标双击
.avi/wmv/mpg	视频文件	Windows Media Player
.rm/rmvb	压缩视频文件	Real Player
.mp3	压缩音频文件	Windows Media Player
.wma/mid/wav	微软压缩音频文件	Windows Media Player
.bmp	图像文件	Windows 画图程序
.jpg	压缩图形文件	ACDSee
.gif	动态图形文件	ACDSee
.doc	Word 文档	Microsoft Word 2003
.docx	Word 文档	Microsoft Word 2007
.pdf	电子文档	pdf 阅读软件
.chm	电子书	鼠标双击
.htm/html	网页文件	网页浏览器
.rar	RAR 压缩文件	Winrar
.zip	ZIP 压缩文件	Winzip、Winrar

Ⓖ 图 4-41

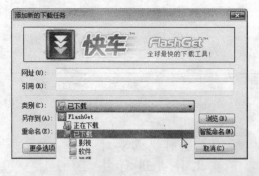

Ⓖ 图 4-42

小提示：在今后使用网际快车下载文件时，可以在"添加新的下载任务"对话框中选择合适的下载类别，以便对文件进行分类，如图 4-42 所示。

4.5.2　用 WinRAR 解压缩文件

压缩文件是目前网络上最常见的文件类型，它必须在解压后才能使用。WinRAR 是目前使用最广泛的压缩软件，它具有压缩速度快和压缩比高等特点，可以解压缩各种常见的压缩文件，具体操作步骤如下。

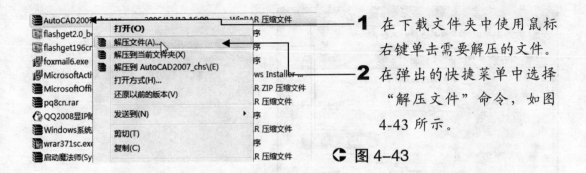

1 在下载文件夹中使用鼠标右键单击需要解压的文件。

2 在弹出的快捷菜单中选择 "解压文件" 命令, 如图 4-43 所示。

◯ 图 4-43

小提示: 在右键快捷菜单中, 选择 "解压到当前文件夹" 或 "解压到 AutoCAD2007_chs" 命令, 可以将指定文件解压到当前文件夹中。

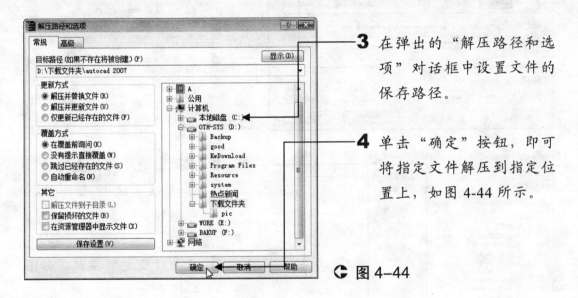

3 在弹出的 "解压路径和选项" 对话框中设置文件的保存路径。

4 单击 "确定" 按钮, 即可将指定文件解压到指定位置上, 如图 4-44 所示。

◯ 图 4-44

4.6 活学活用——使用网际快车下载 Foxmail

本章介绍了常见网络资源的下载方式, 并重点介绍了如何使用网际快车进行资源下载。这里就运用所学知识从网上下载常用的邮件管理软件——Foxmail。

1 启动 IE 浏览器, 在地址栏中输入 "http://fox.foxmail.com.cn", 按【Enter】键, 进入 Foxmail 的官方网站。

2 在其中单击"最新版本下载"按钮，如图 4-45 所示。

◖ 图 4-45

3 在弹出的"添加新的下载任务"对话框中设置"类别"为"软件"。

4 单击"浏览"按钮，如图 4-46 所示。

◖ 图 4-46

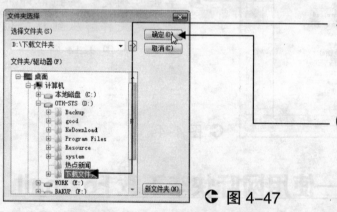

5 在弹出的"文件夹选择"对话框中选择文件的保存路径。

6 单击"确定"按钮，如图 4-47 所示。

◖ 图 4-47

7 返回到"添加新的下载任务"对话框后，单击"确定"按钮，如图 4-48 所示。

◖ 图 4-48

8 该任务就被添加到下载列表中，并自动进行下载，如图 4-49 所示。

◐ 图 4-49

4.7　疑难解答

：明明，你看这小品多好看啊！刚才我用右键菜单和拖曳的方法都不能把它下载下来。难道这个不能下载吗？

：爷爷，可以下载的。只是这种资源不是超链接，所以用右键菜单或拖曳的方法都无效。其实在这种资源的下方一般都有具体的下载地址，我们只要将其手动添加到网际快车中即可进行下载，具体操作步骤如下。

1 通过 IE 浏览器打开百度搜索引擎，搜索需要下载的资源，例如 "flash 小品"。然后在搜索结果中单击需要浏览的网页。

2 在打开的播放页面中打开需要播放的小品。

3 在播放页面中找到并复制该小品的 Flash 文件下载地址，如图 4-50 所示。

◐ 图 4-50

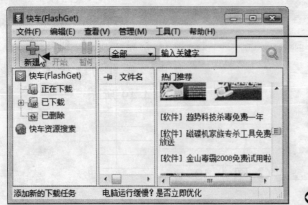

4 打开网际快车，在主界面中单击工具栏中的"新建"按钮➕，如图 4-51 所示。

➲ 图 4-51

小提示：使用鼠标右键单击悬浮窗▣，在弹出的快捷菜单中选择"新建下载任务"命令，可以手动添加下载任务。

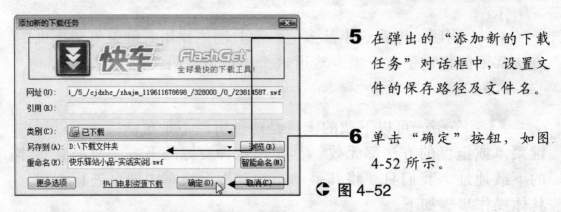

5 在弹出的"添加新的下载任务"对话框中，设置文件的保存路径及文件名。

6 单击"确定"按钮，如图 4-52 所示。

➲ 图 4-52

7 该任务就被添加到下载列表中，并自动进行下载。

：明明，使用网际快车下载软件后，每次都要自己动手杀毒。能不能让电脑下载完成后就自动杀毒呢？

：爷爷，其实网际快车提供了这个功能，只不过我们需要对其进行简单的设置，具体设置方法如下。

1 启动网际快车，在主界面的菜单栏中依次选择"工具" → "选项"命令。

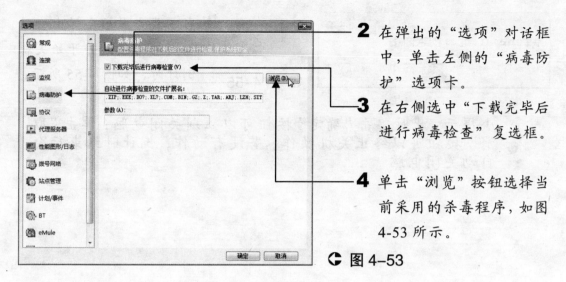

2 在弹出的"选项"对话框中，单击左侧的"病毒防护"选项卡。

3 在右侧选中"下载完毕后进行病毒检查"复选框。

4 单击"浏览"按钮选择当前采用的杀毒程序，如图4-53所示。

◖ 图 4-53

5 设置完成后，单击"确定"按钮保存设置即可。

：明明，爷爷下载这个连续剧已经下了几个小时了，才下了一半。网际快车能不能在下载完成后自动关电脑啊！要是可以，我就先去公园散步了！

：可以啊，爷爷！网际快车有这个功能，只要按下面的方法进行设置后，就可以了。您就可以放心地去公园散步了。

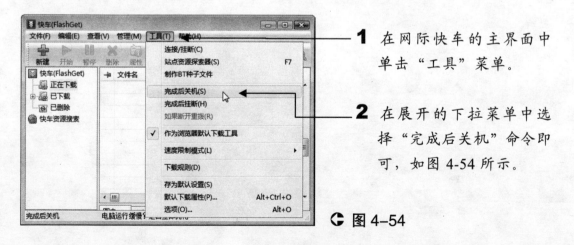

1 在网际快车的主界面中单击"工具"菜单。

2 在展开的下拉菜单中选择"完成后关机"命令即可，如图4-54所示。

◖ 图 4-54

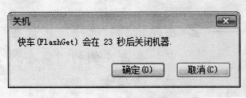

⊙ 图 4-55

3 当下载完成后会弹出"关机"对话框，并开始关机倒计时，如图 4-55 所示。

小提示：此时单击"确定"按钮可以立刻关闭电脑；单击"取消"按钮可以终止关机操作。若没有动作，倒计时结束后会自动关闭电脑。

第5章
与亲友互发邮件

本章热点：

★ 收发邮件前的准备
★ 通过网站收发邮件
★ 管理电子邮箱
★ 通过 Foxmail 收发邮件

明明，今天陪爷爷出去散散步吧！爷爷顺便去邮局买信封和邮票，好给朋友写封信！

爷爷，通过邮局寄信已经过时了！现在都流行使用电子邮件。不仅方便、快捷，还不花钱。

5.1 收发邮件前的准备

电子邮件?只通过电脑就可以发邮件?

对啊,爷爷!电子邮件比传统邮件方便多了,下面我就给您介绍介绍。

5.1.1 认识电子邮件 ||||

　　电子邮件又称为 E-mail,它是一种通过网络进行传递的电子媒体。与传统邮件相比,它既不需要使用信封和邮票,又不用支付邮费,是目前使用频率最高的网络服务之一。

　　电子邮件作为一种信息载体,它不仅可以传送文字和图片,还能以附件的形式传送音频和视频等资源。并且在收发速度和准确性等方面都大大优于传统邮件。

　　电子邮件和普通信件一样,需要有一个载体,这就是电子邮箱。电子邮箱是用来撰写、存放和管理邮件的网站空间,而每个电子邮箱也拥有唯一的地址,就像传统邮件中的收发地址。

 小知识:电子邮箱地址用"用户名+@+邮件服务器"的形式来表示,其中"用户名"由用户自行设定;"邮箱服务器"为邮件服务提供商,例如 inier2008@126.com。

5.1.2 申请免费邮箱 ||||

　　想要使用电子邮件的用户,需要事先申请一个免费电子邮箱。目前新浪、雅虎、网易、搜狐和 TOM 等门户网站都提供了电子邮件服务。这里以申请网易的 126 免费电子邮箱为例进行介绍。

1 启动 IE 浏览器，在地址栏中输入网址 "http://www.126.com/"，打开网易 126 免费邮箱网站。

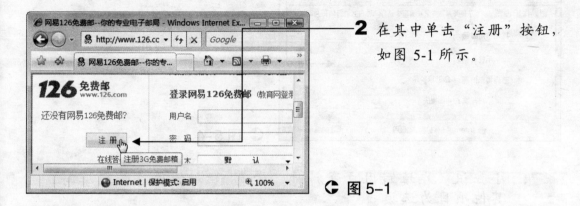

2 在其中单击"注册"按钮，如图 5-1 所示。

↻ 图 5-1

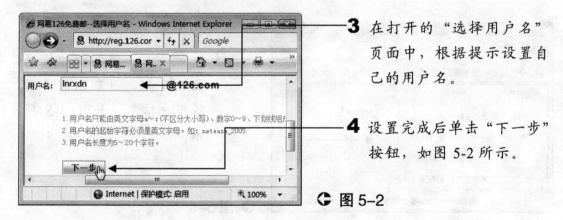

3 在打开的"选择用户名"页面中，根据提示设置自己的用户名。

4 设置完成后单击"下一步"按钮，如图 5-2 所示。

↻ 图 5-2

 小提示：用户名只能由英文字母、数字和下画线组成，并且只能以英文字母开头，例如"lnrxdn"。

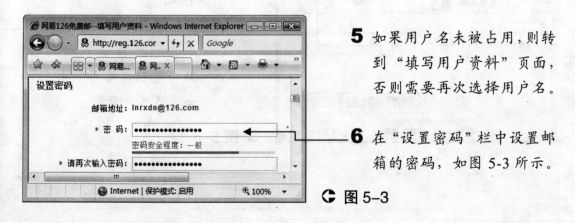

5 如果用户名未被占用，则转到"填写用户资料"页面，否则需要再次选择用户名。

6 在"设置密码"栏中设置邮箱的密码，如图 5-3 所示。

↻ 图 5-3

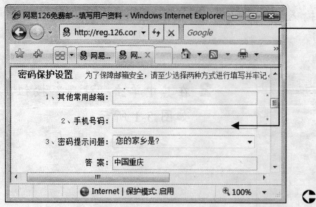

7 在当前窗口的"密码保护设置"栏中设置密码保护方式，至少选择两种，如图5-4所示。

C 图5-4

 小知识：在填写用户资料时，带有"★"的项目必须填写，其他项目为选填。

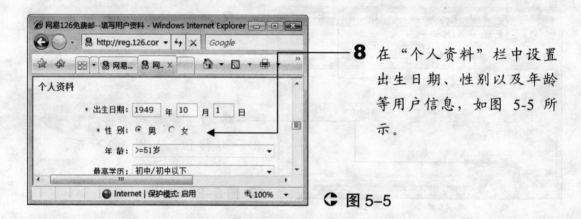

8 在"个人资料"栏中设置出生日期、性别以及年龄等用户信息，如图5-5所示。

C 图5-5

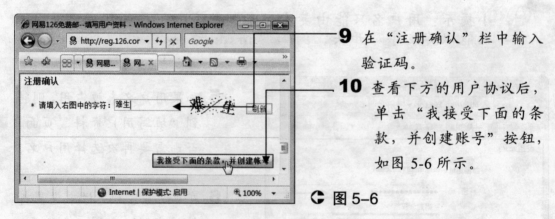

9 在"注册确认"栏中输入验证码。

10 查看下方的用户协议后，单击"我接受下面的条款，并创建账号"按钮，如图5-6所示。

C 图5-6

11 在稍后打开的"注册成功"页面中会提示注册成功，如图 5-7 所示。

↻ 图 5-7

小提示：在"注册成功"页面中会显示用户的注册信息，用户需要记住这些信息。此时单击"进入邮箱"按钮，即可登录邮箱。

5.2 通过网站收发信件

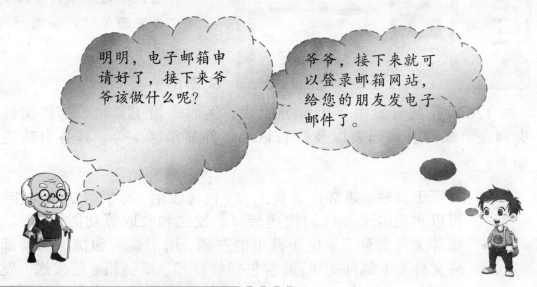

5.2.1 登录免费邮箱 ‖‖‖

首先需要登录电子邮箱，这里以登录网易 126 邮箱为例进行介绍。

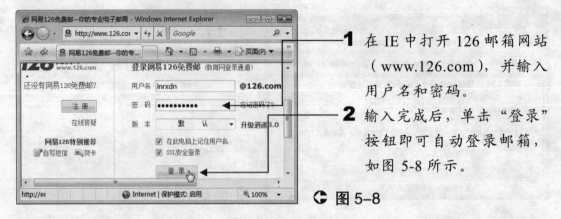

1 在 IE 中打开 126 邮箱网站（www.126.com），并输入用户名和密码。

2 输入完成后，单击"登录"按钮即可自动登录邮箱，如图 5-8 所示。

◐ 图 5-8

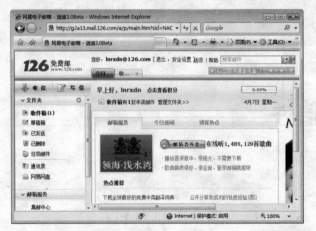

3 登录成功后会自动打开邮箱首页。

4 在其中包括了邮件文件夹列表、邮箱服务列表以及广告页面等项，如图 5-9 所示。

◐ 图 5-9

126 邮箱的首页由多个部分组成，例如邮箱工具栏、邮件文件夹列表、邮件服务列表以及广告区（邮件显示区）等，其各自功能如下。

★ 邮箱工具栏：通常在首页上方，包含收信、写信等快速操作，可以实现电子邮件的快速撰写、发送和收取等功能。

★ 邮件文件夹列表：位于首页的左侧，用于显示和快速切换邮件文件夹（邮件夹）。通常包括收件箱、草稿箱、已发送（发件箱）、已删除（垃圾箱）以及垃圾邮件等文件夹，以存储不同来历、不同阅读状态的电子邮件。

★ 邮件服务列表：通常显示在邮件夹下方，提供各种专有服务，如网易随身邮和集邮中心等。

★ 邮件夹状态列表：通常位于首页的中间，包含新邮件数、空间百分比等信息。

小知识：单击邮件文件夹列表中的文字链接，可以查看对应文件夹中的内容。在需要退出电子邮箱时，可单击"退出"链接或直接关闭电子邮箱主页。

5.2.2　给好友写封信 ▌▌▌▌

如果知道好友的电子邮箱地址，就可以在电子邮箱中给好友写信，交流信息或联络感情。

1. 撰写信件的内容

首先需要给好友写信，通过电子邮件网站写信的具体操作步骤如下。

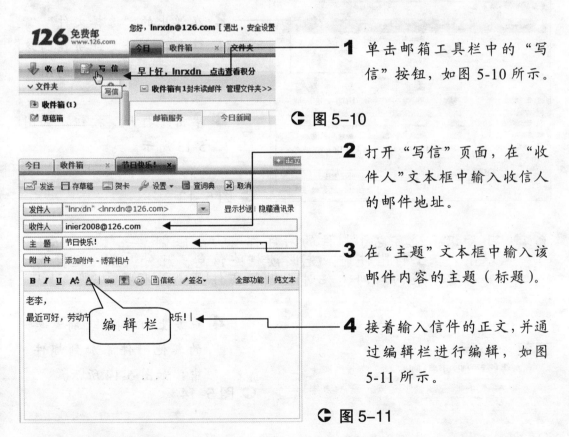

1 单击邮箱工具栏中的"写信"按钮，如图 5-10 所示。

◐ 图 5-10

2 打开"写信"页面，在"收件人"文本框中输入收信人的邮件地址。

3 在"主题"文本框中输入该邮件内容的主题（标题）。

4 接着输入信件的正文，并通过编辑栏进行编辑，如图 5-11 所示。

◐ 图 5-11

2. 在信中附加照片

电子邮件不仅可以传递文字信息，还能以附件的形式传递图片、

音频、视频和电子文档等文件。在写信时，如果需要将近照或文档
传给好友，可以通过附件将其添加到邮件中，具体操作步骤如下。

1 邮件编辑完成后，单击"附件"按钮或者"添加附件"链接，如图 5-12 所示。

☞ 图 5-12

 小提示：如果用户开通了网易博客，可以单击"添加附件"链接旁的"博客相片"链接，将网易博客中的相片添加为附件。

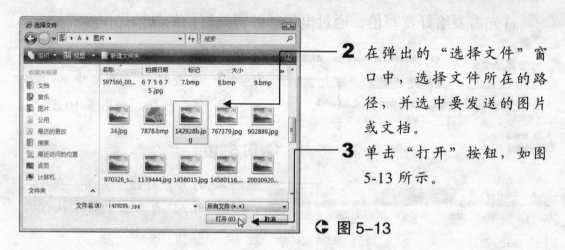

2 在弹出的"选择文件"窗口中，选择文件所在的路径，并选中要发送的图片或文档。

3 单击"打开"按钮，如图 5-13 所示。

☞ 图 5-13

小知识：通常电子邮件的附件都有大小限制，一般为 20MB 以下。在上传附件前应先阅读相关信息。此外，上传文件需要花费一定的时间（耗时长短与文件大小等有关）。

4 重复上面的操作，将需要的其他附件添加到邮件中，如图 5-14 所示。

☞ 图 5-14

 小提示：如果想要更改附件，在附件列表中单击指定附件后面的红叉✖即可。

3. 将信"邮寄"出去

接着要将信件邮寄出去，电子邮件的邮寄操作非常简单，具体操作步骤如下。

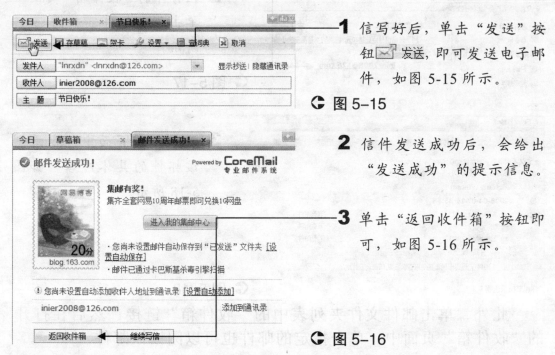

1 信写好后，单击"发送"按钮 ✉ 发送，即可发送电子邮件，如图 5-15 所示。

⏎ 图 5-15

2 信件发送成功后，会给出"发送成功"的提示信息。

3 单击"返回收件箱"按钮即可，如图 5-16 所示。

⏎ 图 5-16

 小提示：此时，如果还想再给其他好友写信，可以单击"继续写信"按钮进入"写信"页面。

电子邮件的发送和接收速度都很快，几乎在发送的同时，对方就能收到。接收到的邮件会被一直保存在邮箱中，以待用户查看。

5.2.3　阅读朋友来信 ▏▎▌

如果收到好友的来信，可以在电子邮箱中进行阅读，具体操作步骤如下。

1. 阅读朋友的来信

当电子邮箱收到了新邮件后，在"收件箱"中单击该邮件即可进行阅读。

1 在邮箱首页中单击工具栏中的"收信"按钮。

2 在打开的"收件箱"页面中单击指定邮件，如图 5-17 所示。

↻ 图 5-17

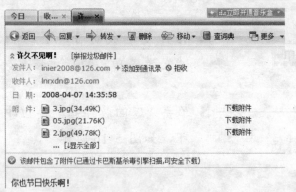

3 在打开的页面中可以看到该邮件的具体内容，如图 5-18 所示。

↻ 图 5-18

　　此外，单击邮件文件夹列表中的"收件箱"链接，然后在打开的"收件箱"页面中，单击指定的邮件也可以阅读该邮件。

2. 下载信中的附件

　　如果好友发来的邮件中添加有附件，可以将这些附件保存到电脑中，以便日后查看。

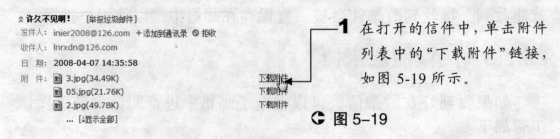

1 在打开的信件中，单击附件列表中的"下载附件"链接，如图 5-19 所示。

↻ 图 5-19

小提示： 在邮件的附件列表中单击某个附件文件，可以直接打开该附件。

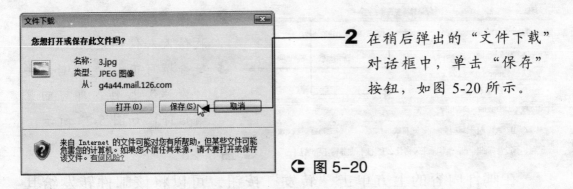

2 在稍后弹出的"文件下载"
对话框中，单击"保存"
按钮，如图 5-20 所示。

☞ 图 5-20

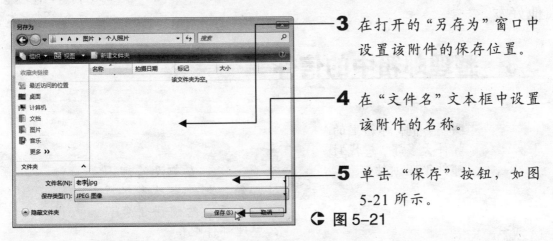

3 在打开的"另存为"窗口中
设置该附件的保存位置。

4 在"文件名"文本框中设置
该附件的名称。

5 单击"保存"按钮，如图
5-21 所示。

☞ 图 5-21

6 重复上面的步骤，将邮件中的所有附件保存到电脑中即可。

 小知识：由于很多电脑病毒会通过电子邮件的附件进行传
播，所以在打开或下载附件之前，应仔细查看附件的来源，
对于来历不明的邮件不要随便打开。

5.2.4　立即给朋友回信

邮件阅读完成后，可以通过执行以下操作回复该邮件。

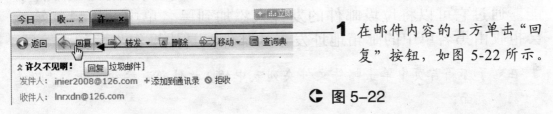

1 在邮件内容的上方单击"回
复"按钮，如图 5-22 所示。

☞ 图 5-22

2 在接着打开的页面中，设置收信人和信件主题。

3 接着撰写正文，完成后单击"发送"按钮，即可回复该信件，如图 5-23 所示。

◆ 图 5-23

在邮件内容的上方单击"转发"按钮，可以将该邮件转发给其他好友。

5.3 整理邮箱中的信件

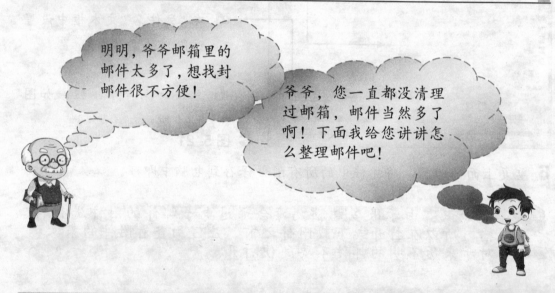

明明，爷爷邮箱里的邮件太多了，想找封邮件很不方便！

爷爷，您一直都没清理过邮箱，邮件当然多了啊！下面我给您讲讲怎么整理邮件吧！

5.3.1 拒收垃圾邮件

由于网络中垃圾邮件泛滥，大部分网站都提供了反垃圾邮件功能。通过它可以将垃圾邮件的发件人添加到黑名单中，以后邮箱就会拒收由黑名单中的邮箱地址发来的邮件，具体操作步骤如下。

1 在电子邮箱首页中单击邮件文件夹列表中的"收件箱"按钮，进入"收件箱"页面。

2 在邮件列表中勾选不希望再接收的邮件。

3 单击邮件列表上方的"举报垃圾邮件"按钮,如图 5-24 所示。

⚙ 图 5-24

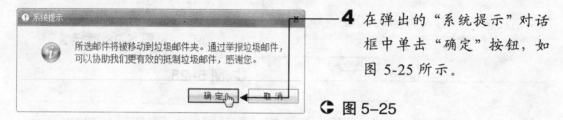

4 在弹出的"系统提示"对话框中单击"确定"按钮,如图 5-25 所示。

⚙ 图 5-25

5 之前被举报的邮件就会被转移到"垃圾邮件"文件夹中,7 天过后会自动删除。

5.3.2 删除多余的邮件

由于电子邮箱的空间有限,且常常会收到一些垃圾邮件。此时就应该将这些邮件删除,以更方便地使用电子邮箱,具体操作步骤如下。

1 在电子邮箱首页中,单击邮件文件夹列表中的"收件箱"按钮,进入"收件箱"页面。

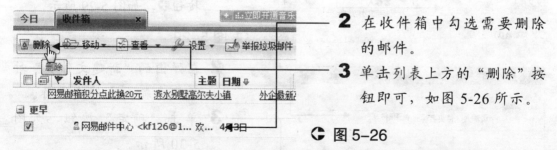

2 在收件箱中勾选需要删除的邮件。

3 单击列表上方的"删除"按钮即可,如图 5-26 所示。

⚙ 图 5-26

通过以上操作还不能彻底删除邮件,因为被删除的邮件只是被转移到"已删除"文件夹中(类似于系统中的回收站),此时需要清空该文件夹才能彻底删除指定邮件,具体操作步骤如下。

1 在邮件文件夹列表中，单击
"已删除"按钮右侧的"清
空"按钮，如图 5-27 所示。

○ 图 5-27

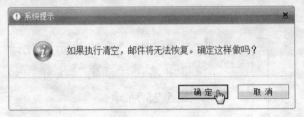

2 在弹出的"系统提示"对话
框中，单击"确定"按钮即
可，如图 5-28 所示。

○ 图 5-28

 小知识：采用"清空"方式删除的邮件都会被永久删除，以
后不能再恢复，所以在删除时应谨慎选择。

5.3.3　对邮件进行分类 ▍▍▍▍▍

通常电子邮箱都带有"收件箱"、"已发送"、"草稿箱"、"已删
除"和"垃圾邮件"等默认邮件夹。为了方便阅读，可以增加一些
文件夹来分类保存邮箱中的电子邮件，具体操作步骤如下。

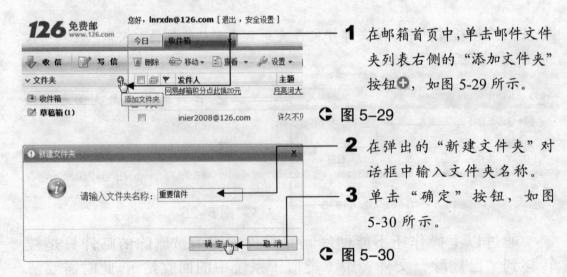

1 在邮箱首页中，单击邮件文件
夹列表右侧的"添加文件夹"
按钮，如图 5-29 所示。

○ 图 5-29

2 在弹出的"新建文件夹"对
话框中输入文件夹名称。

3 单击"确定"按钮，如图
5-30 所示。

○ 图 5-30

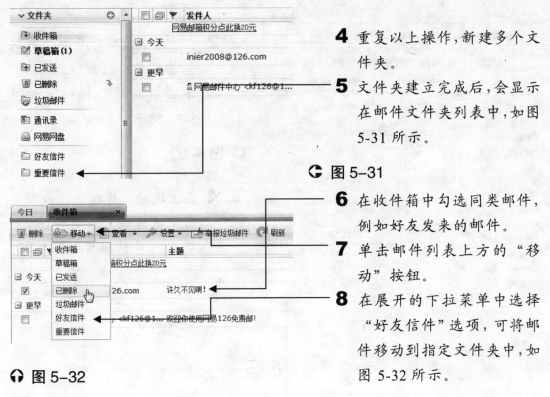

4 重复以上操作,新建多个文件夹。

5 文件夹建立完成后,会显示在邮件文件夹列表中,如图5-31所示。

↩ 图 5-31

6 在收件箱中勾选同类邮件,例如好友发来的邮件。

7 单击邮件列表上方的"移动"按钮。

8 在展开的下拉菜单中选择"好友信件"选项,可将邮件移动到指定文件夹中,如图5-32所示。

↑ 图 5-32

9 根据前面的操作将其他邮件进行分类即可。

　　整理完成后,在邮件文件夹列表中单击指定文件夹,即可查看该文件夹中的邮件了。

5.3.4 创建通讯录 ▎▎▎▎

　　在使用电子邮箱过程中,可以将经常联系的好友添加到通讯录中,以后发送邮件时,直接点击要联系的朋友,系统会自动将其添加到收件人地址栏中,省掉了重复输入地址和忘记邮件地址的麻烦。创建通讯录的具体操作方法如下。

1 在电子邮箱首页中单击邮件文件夹列表中的"通讯录"按钮,进入"通讯录"页面。

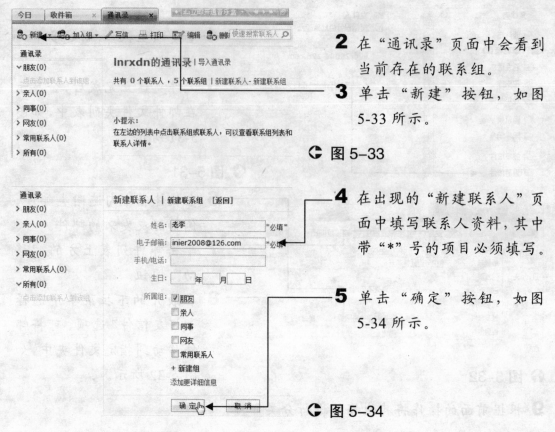

2 在"通讯录"页面中会看到当前存在的联系组。

3 单击"新建"按钮，如图 5-33 所示。

◐ 图 5-33

4 在出现的"新建联系人"页面中填写联系人资料，其中带"*"号的项目必须填写。

5 单击"确定"按钮，如图 5-34 所示。

◐ 图 5-34

 小提示：单击"新建联系组"选项卡，然后设置相关信息，并单击"确定"按钮可以创建新的联系组。

6 在接着出现的页面中会提示添加成功，如图 5-35 所示。

◐ 图 5-35

7 重复执行以上操作，将朋友的联络方式添加到通讯录中。

　　通讯录创建完成后，在给朋友写信时，只需通过通讯录查找收件人，而不用手动输入具体的邮箱地址了。

5.4　使用 Foxmail 管理邮箱

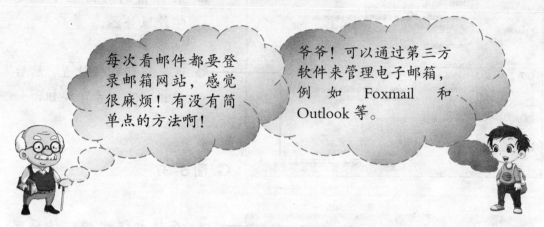

每次看邮件都要登录邮箱网站，感觉很麻烦！有没有简单点的方法啊！

爷爷！可以通过第三方软件来管理电子邮箱，例如 Foxmail 和 Outlook 等。

　　Foxmail 就是一款优秀的电子邮件客户端软件，通过它可以快速、轻松地管理自己的电子邮箱。它是一款免费软件，可以到官方网站 "http://fox.foxmail.com.cn" 下载该软件的最新版本。

5.4.1　创建 Foxmail 账户

　　在使用 Foxmail 前，需要先创建一个 Foxmail 账户。通过这个账户即可管理自己的电子邮箱了，具体操作步骤如下。

1 下载并安装好 Foxmail，然后在桌面上双击 "Foxmail" 图标，启动 Foxmail 软件。

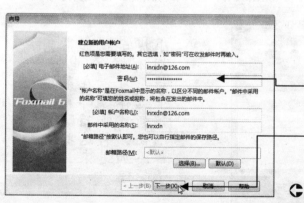

2 启动完成后，会弹出账户创建向导。

3 在其中输入电子邮箱地址和密码。

4 输入完成后单击 "下一步" 按钮，如图 5-36 所示。

◆ 图 5-36

小提示： 这里如果在 "密码" 文本框中输入邮箱的密码，以后使用 Foxmail 登录邮箱时就不必重复输入邮箱密码了。

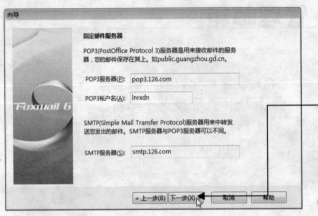

5 在弹出的对话框中指定邮件服务器。

6 这里保留默认设置，然后单击"下一步"按钮，如图 5-37 所示。

◗ 图 5-37

7 在接着弹出的对话框中提示账户建立完成，直接单击"完成"按钮即可，如图 5-38 所示。

◗ 图 5-38

账户建立完成后，会自动进入 Foxmail 的主界面，在其中单击"收取"或"发送"按钮即可收发邮件了，Foxmail 的主界面如图 5-39 所示。

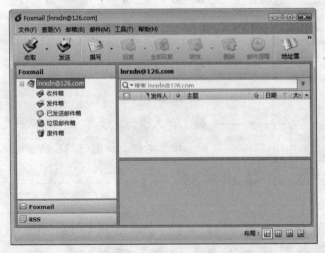

 小提示：如果用户拥有多个电子邮箱，可以在菜单栏中选择"邮箱"→"新建邮箱账户"命令，将这些邮箱都添加进来，以便于管理。

◗ 图 5-39

5.4.2　通过 Foxmail 收发邮件 ||||

Foxmail 账户创建好后，即可在 Foxmail 中撰写和发送电子邮件。下面就对其进行介绍。

1. 给朋友们写封信

首先介绍一下通过 Foxmail 给朋友们写信的方法，具体操作步骤如下。

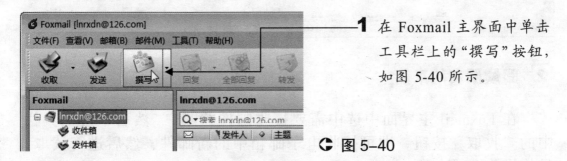

1 在 Foxmail 主界面中单击工具栏上的"撰写"按钮，如图 5-40 所示。

ᘯ 图 5-40

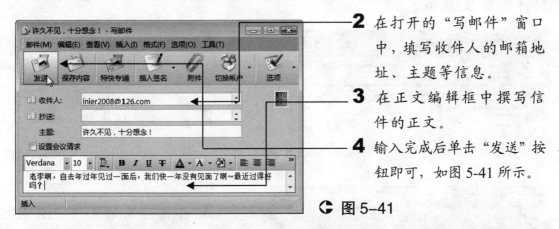

2 在打开的"写邮件"窗口中，填写收件人的邮箱地址、主题等信息。

3 在正文编辑框中撰写信件的正文。

4 输入完成后单击"发送"按钮即可，如图 5-41 所示。

ᘯ 图 5-41

 小提示：在撰写正文时，使用正文输入框上方的一排工具按钮可以编辑正文的字体、字号等，并可以插入图片。

 小知识：如果需要添加附件，可以在发送邮件之前单击工具栏中的"附件"按钮，将需要附加的文档添加到邮件中。

邮件发送出去后，在窗口左侧列表中单击"已发送邮件箱"文件夹, 在右侧即可查看到刚才发送出去的电子邮件, 如图 5-42 所示。

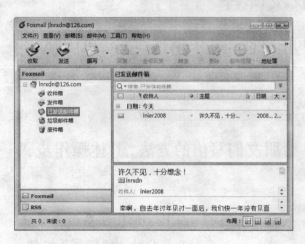

小提示: 在第一次运行 Foxmail 时, 会询问是否将 Foxmail 设为默认邮件程序。单击"是"按钮后, 在其他软件中准备撰写邮件时将会自动启动 Foxmail 软件。

↻ 图 5-42

2. 阅读朋友的来信

在 Foxmail 主界面中选中需要接收邮件的账户, 然后单击工具栏中的"收取"按钮, 即可接收电子邮箱中的新邮件, 然后进行读取, 具体操作步骤如下。

1 选中需要接收邮件的账户。

2 单击工具栏中的"收取"按钮, 如图 5-43 所示。

↻ 图 5-43

3 在该邮箱的文件夹列表中单击"收件箱"文件夹。

4 在打开的"收件箱"页面中即可查看所有接收到的邮件。

5 在邮件列表中双击需要阅读的邮件, 如图 5-44 所示。

↻ 图 5-44

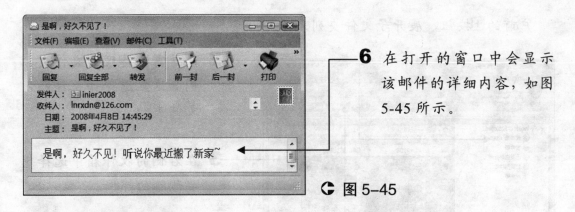

6 在打开的窗口中会显示该邮件的详细内容，如图 5-45 所示。

☞ 图 5-45

3. 回复朋友的来信

　　看完朋友的来信，一定想立刻给朋友回信吧！只要执行以下操作即可快速地给朋友回信。

1 在阅读信件内容时，单击工具栏上的"回复"按钮或者在邮件列表中选中要回复的邮件，然后单击工具栏中的"回复"按钮。

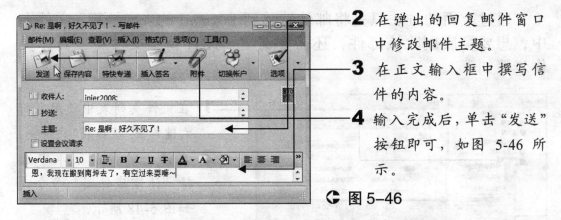

2 在弹出的回复邮件窗口中修改邮件主题。

3 在正文输入框中撰写信件的内容。

4 输入完成后，单击"发送"按钮即可，如图 5-46 所示。

☞ 图 5-46

 小提示：在回复信件时，正文输入框中可能默认包含有广告信息，用户可以自行删除这些信息。

5.4.3　清理电子邮箱

　　在邮箱中的文件需要清理的时候，可就在 Foxmail 中删除或清空多余的邮件。删除电子邮件的方法如下。

1 在 Foxmail 主界面的左侧列表中，单击需要清理的电子邮箱，然后单击账户前的⊞按钮，展开子文件夹列表。

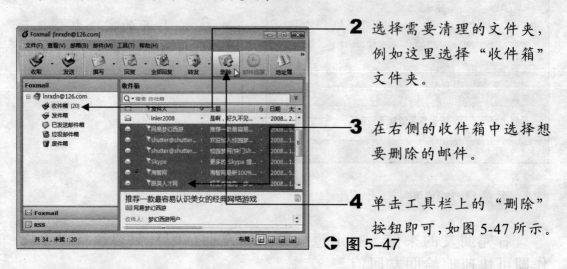

2 选择需要清理的文件夹，例如这里选择"收件箱"文件夹。

3 在右侧的收件箱中选择想要删除的邮件。

4 单击工具栏上的"删除"按钮即可，如图 5-47 所示。

◐ 图 5-47

 小提示：在选中要删除的邮件后，按【Delete】键即可快速地删除电子邮件。

通过上面的方法只是将邮件转移到 Foxmail 的"废件箱"文件夹中，想要彻底删除该邮件，还需要清空"废件箱"文件夹，具体操作步骤如下。

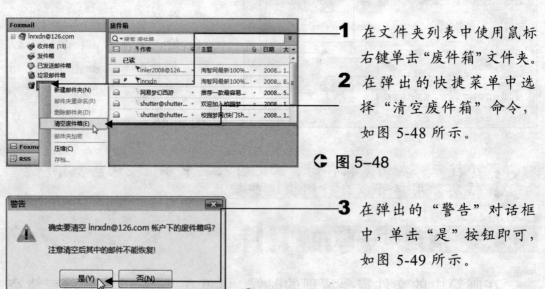

1 在文件夹列表中使用鼠标右键单击"废件箱"文件夹。

2 在弹出的快捷菜单中选择"清空废件箱"命令，如图 5-48 所示。

◐ 图 5-48

3 在弹出的"警告"对话框中，单击"是"按钮即可，如图 5-49 所示。

◐ 图 5-49

小提示：在删除邮件时，如果想直接永久删除，可以在选择要删除的邮件后，按【Shift+Delete】组合键。清空"废件箱"文件夹后，所有被删除的邮件将会被永久删除，不可恢复。

5.5　活学活用——给"老张"发封邮件

本章介绍了电子邮件的作用和使用方法，这里就运用所学的知识登录邮箱网站，给朋友"老张"发封邮件，并附上自己的近照。

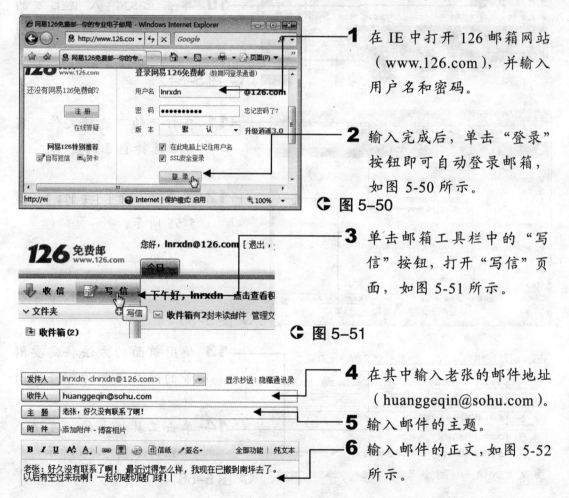

1 在 IE 中打开 126 邮箱网站（www.126.com），并输入用户名和密码。

2 输入完成后，单击"登录"按钮即可自动登录邮箱，如图 5-50 所示。

↻ 图 5-50

3 单击邮箱工具栏中的"写信"按钮，打开"写信"页面，如图 5-51 所示。

↻ 图 5-51

4 在其中输入老张的邮件地址（huanggeqin@sohu.com）。

5 输入邮件的主题。

6 输入邮件的正文，如图 5-52 所示。

↻ 图 5-52

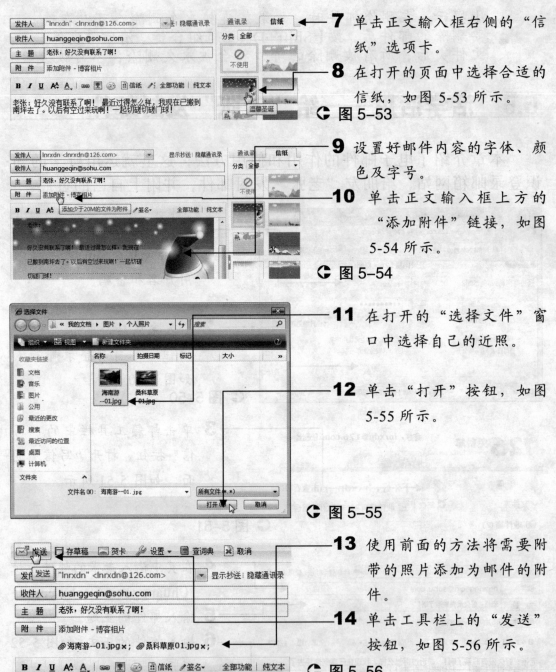

7 单击正文输入框右侧的"信纸"选项卡。

8 在打开的页面中选择合适的信纸，如图 5-53 所示。
↻ 图 5-53

9 设置好邮件内容的字体、颜色及字号。

10 单击正文输入框上方的"添加附件"链接，如图 5-54 所示。
↻ 图 5-54

11 在打开的"选择文件"窗口中选择自己的近照。

12 单击"打开"按钮，如图 5-55 所示。
↻ 图 5-55

13 使用前面的方法将需要附带的照片添加为邮件的附件。

14 单击工具栏上的"发送"按钮，如图 5-56 所示。
↻ 图 5-56

15 邮件发送成功后，会给出"邮件已发送成功"的提示信息。

5.6　疑难解答

：明明，电子邮箱中的地址簿是用来做什么的？

：爷爷，电子邮箱中的地址簿和通讯录是一样的，都是用于存储联系人的文件夹，包括联系人的邮箱地址和电话等信息。您可以将经常联系的朋友的电子邮箱地址存储在地址簿中，下次写信时就能直接从地址簿中添加收件人地址，而不用每次手动输入这么麻烦了。

：明明，在写邮件时，收件人地址下方一般都有一个"抄送"栏，它是做什么的呢？

：爷爷，这个"抄送"栏中可以填写其他收件人的邮箱地址，这样当您发送所写的信件时，可以将同一封信的内容分别发给其他几个朋友。如果所发邮件不需要发送给多个人，一般不填写该栏。该栏一般用于发送节日贺卡、新年祝福等可以批量发送的信件。

：明明，我通过网站登录邮箱时可以下载邮件中的附件，在Foxmail 中该怎么下载呢？

：爷爷，Foxmail 也支持邮件的附件下载。您只需在"收件箱"页面中单击带有附件的邮件，然后在邮件正文内容的右侧就会显示该邮件的附件了。

　　这时，使用鼠标右键单击该附件，在弹出的快捷菜单中选择"保存为"命令，如图 5-57 所示。

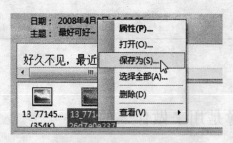

🔾 **图 5-57**

在接着弹出的"另存为"对话框中设置文件的存储路径和文件名，然后单击"保存"按钮即可。

第6章
广交天下朋友

本章热点：

★ 申请 QQ 号码
★ 添加 QQ 好友
★ 使用 QQ 与好友聊天
★ 与好友互发文件
★ QQ 群的使用

明明，昨天你王爷爷发邮件给我，叫我上 QQ 和他聊天！这 QQ 是个什么东西啊？

爷爷！QQ 是一种聊天工具，通过它可以与朋友进行文字、语音以及视频聊天，这比电子邮件更加方便。

6.1 聊天前的准备

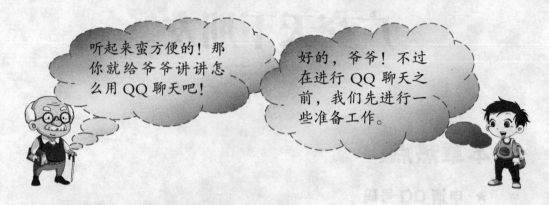

听起来蛮方便的！那你就给爷爷讲讲怎么用 QQ 聊天吧！

好的，爷爷！不过在进行 QQ 聊天之前，我们先进行一些准备工作。

6.1.1 QQ 能做什么

人们常说的"QQ"其实是腾讯 QICQ 的简称，它是由深圳腾讯公司开发的一款即时通信软件。

自 1999 年第一个 QQ 测试版本推出以来，其友好的界面和人性化的功能设计便迅速得到了广大网友的认同。特别是其形象代言——一只活泼可爱的企鹅深受广大网民的喜爱，如图 6-1 所示。

别看 QQ 是一个小软件，其功能却非常强大，支持在线聊天、视频电话、点对点和断点续传文件、共享文件、网络硬盘以及 QQ 邮箱等多种功能，并可与手机、PDA 等移动通信终端进行相连，实现移动 QQ 聊天。

↑ 图 6-1

6.1.2 申请免费 QQ 号码

想要使用 QQ 所提供的服务，首先需要申请属于自己的 QQ 号码，接着才能通过该 QQ 号码与好友进行交流，QQ 号码的具体申请方法如下。

1 登录腾讯 QQ 的官方软件中心"http://im.qq.com"，下载最新版本的 QQ 安装程序（当前版本为 QQ 2008），并将其安装到电脑中。

ⓒ 图 6-2

2 双击桌面上的"腾讯QQ"快捷方式图标。

3 在弹出的"QQ用户登录"对话框中，单击"申请账号"链接，如图 6-2 所示。

4 在打开的"申请QQ账号"页面中，单击"网页免费申请"链接，如图 6-3 所示。

ⓒ 图 6-3

小提示：在"申请QQ账号"页面中提供了"网页免费申请"和"手机免费申请"两种免费申请方式。通过网页申请不需要任何费用，而通过手机申请则需要收取短信功能费。

5 在接着出现的页面中选择需要申请的账号类型，这里选择"QQ号码"，如图 6-4 所示。

ⓒ 图 6-4

6 在出现的页面中填写昵称、年龄、密码等个人资料，其中带"*"号的项必填，如图 6-5 所示。

7 接着填写所在地区和密码保护信息。

ⓒ 图 6-5

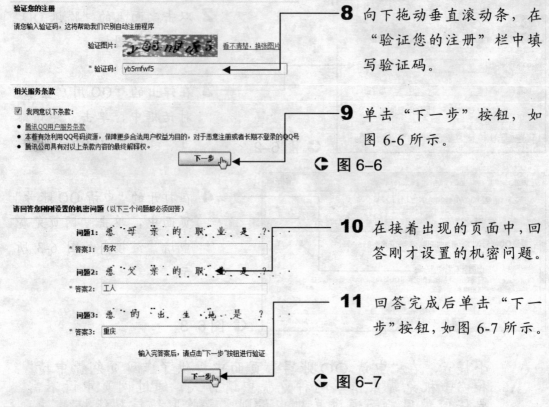

验证您的注册

请您输入验证码，这将帮助我们识别自动注册程序

验证图片：　　y85 f5　　看不清楚，换张图片

＊验证码：　yb5mfwf5

相关服务条款

☑ 我同意以下条款：

• 腾讯QQ用户服务条款
• 本着有效利用QQ号码资源，保障更多合法用户权益为目的，对于恶意注册或者长期不登录的QQ号
• 腾讯公司具有对以上条款内容的最终解释权。

[下一步]

8 向下拖动垂直滚动条，在"验证您的注册"栏中填写验证码。

9 单击"下一步"按钮，如图 6-6 所示。

◑ 图 6-6

请回答您刚刚设置的机密问题（以下三个问题都必须回答）

问题1：您"母亲"的"职"业"是"？
＊答案1：务农

问题2：您"父亲"的"职"是"？
＊答案2：工人

问题3：您"的"出"生"地"是"？
＊答案3：重庆

输入完答案后，请点击"下一步"按钮进行验证

[下一步]

10 在接着出现的页面中，回答刚才设置的机密问题。

11 回答完成后单击"下一步"按钮，如图 6-7 所示。

◑ 图 6-7

申请免费QQ号码 - Windows Internet Explorer

http://freereg.qq.　　Google

申请免费QQ号码

恭喜您，申请成功了

您申请的号码为： **984755461**　　快去体验QQ带给您的无穷

建议您现在就去验证email和手机，以免遗失是帐号的永久保护。　什么是QQ

Internet | 保护模式: 启用　　100%

12 在接下来出现的页面中会提示申请成功，并显示申请到的 QQ 号码，如图 6-8 所示。

13 此时记下该号码，并关闭该页面即可。

◑ 图 6-8

6.1.3　QQ 账号登录 ▌▌▌▌

　　QQ 号申请成功后，就可以使用 QQ 和好友进行在线交流了。不过在使用之前需要先使用 QQ 进行登录。

1 在"开始"菜单中，选择"所有程序"→"腾讯软件"→"腾讯 QQ"命令，启动腾讯 QQ。

2 在接着弹出的"QQ 用户登录"对话框中，输入刚申请的 QQ 号码及密码。

3 单击"登录"按钮即可，如图 6-9 所示。

图 6-9

单击"登录"按钮后，QQ 软件开始与服务器进行连接，稍后会出现一个长条状的 QQ 面板，表示登录成功，如图 6-10 所示。

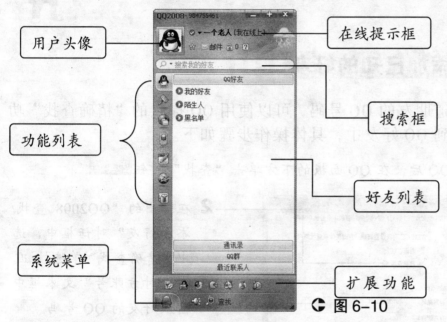

用户头像

在线提示框

搜索框

功能列表

好友列表

系统菜单

扩展功能

图 6-10

QQ 登录成功后，在系统的任务栏中会显示一个 QQ 的图标，单击该图标，在弹出的 QQ 状态菜单中，可以选择相应的登录状态，如"忙碌"、"离开"、"隐身"以及"离线"等，如图 6-11 所示。

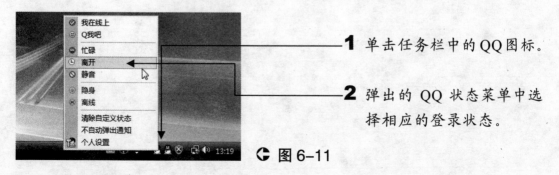

1 单击任务栏中的 QQ 图标。

2 弹出的 QQ 状态菜单中选择相应的登录状态。

图 6-11

6.2 添加 QQ 好友

明明，登录 QQ 后是不是就可以和好友聊天了啊！

爷爷，现在您的 QQ 中没有好友，所以先要将好友添加进来，才能与他们进行交流！

6.2.1 添加已知的好友

如果知道朋友的 QQ 号码，可以使用 QQ 提供的"精确查找"功能将其添加到 QQ 好友中，具体操作步骤如下。

1 成功登录 QQ 后，在 QQ 面板的下方单击"查找"按钮 查找 。

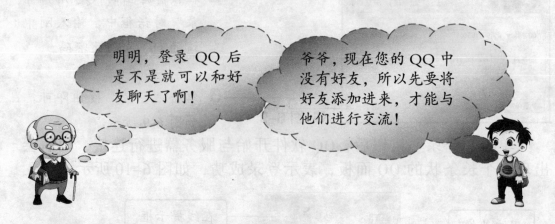

2 在弹出的"QQ2008 查找/添加好友"对话框中，选中"精确查找"单选按钮。

3 在"对方账号"文本框中输入好友的 QQ 号码。

4 单击"查找"按钮，如图 6-12 所示。

图 6-12

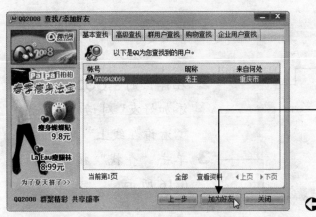

5 在弹出的对话框中会显示查找到的用户。

6 确认该号码无误后，单击"加为好友"按钮，如图 6-13 所示。

◐ 图 6-13

小提示：选中查找到的用户，然后单击"查看资料"链接，可以查看该用户的详细资料。当然通过双击该用户也可以实现。

◐ 图 6-14

7 在弹出的对话框中填写请求信息（可不填），单击"确定"按钮，如图 6-14 所示。

8 对方同意添加后，在任务栏中会出现小喇叭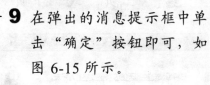，单击该小喇叭。

◐ 图 6-15

9 在弹出的消息提示框中单击"确定"按钮即可，如图 6-15 所示。

6.2.2　随意添加 QQ 网友

除了上述方法外，还可以通过 QQ 的"看谁在线"功能结识新的网友，具体操作步骤如下。

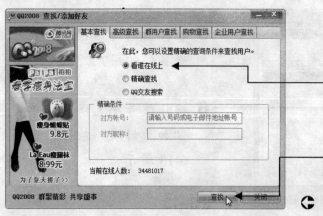

1 在 QQ 面板的下方单击"查找"按钮 ⊙ 查找。

2 在弹出的"QQ2008 查找/添加好友"对话框中，选中"看谁在线上"单选按钮。

3 单击"查找"按钮，如图 6-16 所示。

◐ 图 6-16

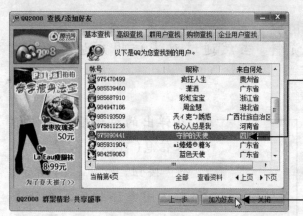

4 稍后会显示目前在线的 QQ 用户列表。

5 在好友列表中单击合适的网友。

6 单击"加为好友"按钮，如图 6-17 所示。

◐ 图 6-17

小提示：如果当前页中的用户不适合，可以单击列表下方的"上页"或"下页"按钮来查找合适的网友。

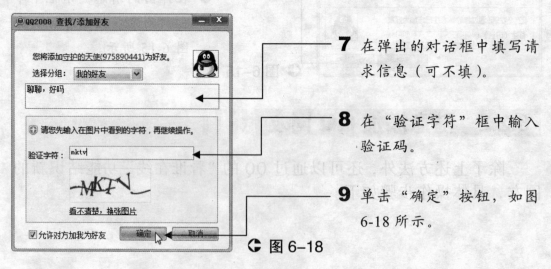

7 在弹出的对话框中填写请求信息（可不填）。

8 在"验证字符"框中输入验证码。

9 单击"确定"按钮，如图 6-18 所示。

◐ 图 6-18

小知识：QQ 提供了"自由加为好友"、"通过认证加为好友"和"禁止加为好友"三种身份认证模式。如果你想添加的用户没有设置身份认证，则可以自由进行添加。

10 待对方同意添加好友后，任务栏的通知区域中会出现小喇叭 🔊。单击该喇叭图标，然后在弹出的对话框中单击"确定"按钮即可。

6.2.3　接受或拒绝他人的请求 ▌▌▌▌

在使用 QQ 过程中，如果有别人想要添加你为好友，可以通过以下方法来接受或拒绝别人的请求。

1 当有其他用户请求加你为好友时，任务栏的通知区域中会闪动一个小喇叭 🔊，此时单击小喇叭。

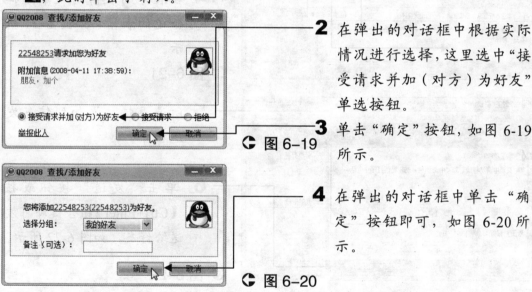

2 在弹出的对话框中根据实际情况进行选择，这里选中"接受请求并加（对方）为好友"单选按钮。

3 单击"确定"按钮，如图 6-19 所示。

↻ 图 6-19

4 在弹出的对话框中单击"确定"按钮即可，如图 6-20 所示。

↻ 图 6-20

6.3　与好友进行聊天

明明，爷爷把老王添加进来了，接下来我们该怎么做呢？

爷爷，接下来您就可以和王爷爷进行聊天了，下面我就给您讲讲怎么进行聊天吧！

6.3.1 与好友互发短消息 |||||

　　腾讯 QQ 最基础的功能就是通过收发简单的即时消息与朋友进行交流，下面就对这种聊天方式进行介绍。

1 登录 QQ，然后在 QQ 面板的好友列表中双击想要进行聊天的好友头像。

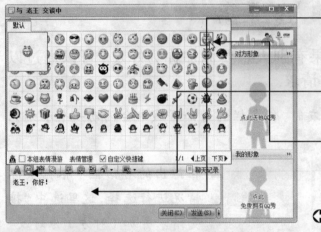

2 弹出聊天窗口，在下方的信息发送栏中输入要发送的文字。

3 单击工具栏上的"选择表情"按钮。

4 在展开的表情列表中选择合适的表情，如图 6-21 所示。

● 图 6-21

5 所选表情被添加到信息发送栏中。

6 单击"发送"按钮或按【Ctrl+Enter】组合键即可发送给好友，如图 6-22 所示。

● 图 6-22

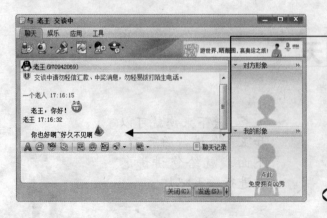

7 当好友回复消息时，其回复的消息会显示在聊天记录栏中，如图 6-23 所示。

● 图 6-23

小知识：单击工具栏上的"聊天记录"按钮可以查看与该好友的聊天记录。

小提示：单击工具栏上的按钮 A，在展开的设置框中可以设置文字的字体、字号以及颜色等。

6.3.2　给好友打免费"电话"

除了通过即时消息进行聊天外，对于不太会打字的用户来说，只要拥有麦克风就可以通过 QQ 与朋友煲"电话"了，具体操作步骤如下。

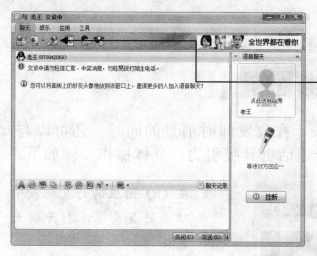

1 在 QQ 好友列表中双击想要进行聊天的好友头像。

2 在弹出的聊天窗口中单击"语音聊天"按钮。

3 开始呼叫好友，在右侧会出现"等待对方回应"的提示信息，如图 6-24 所示。

◐ 图 6-24

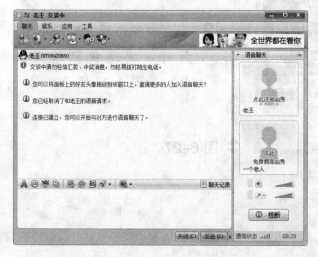

4 待对方接收邀请后，服务器开始建立连接。

5 连接建立成功后，即可通过麦克风进行语音聊天了，如图 6-25 所示。

◐ 图 6-25

如果好友请求与你进行语音聊天，QQ 会自动打开聊天窗口，并在右侧提示是否接受呼叫，单击"接受"或"拒绝"按钮即可接受或拒绝请求，如图 6-26 所示。

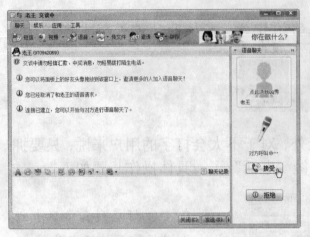

小提示：在网络比较繁忙的时候，"语音聊天"连接可能会创建失败。

图 6-26

6.3.3　让 QQ 变身视频电话

如果电脑上安装了摄像头，在收发即时消息的同时，还可以与好友进行视频聊天，这比语音通话更具吸引力，具体操作步骤如下。

1 在 QQ 面板的好友列表中双击好友头像，打开聊天窗口。

2 单击"视频聊天"按钮，向好友发送视频聊天请求，如图 6-27 所示。

图 6-27

3 待对方接收邀请后，服务器开始建立连接。

4 连接建立成功后，在聊天窗口的右侧即可看到好友了，如图 6-28 所示。

◐ 图 6-28

　　如果好友请求进行视频聊天，在自动打开的聊天窗口的右侧会提示是否接受请求，单击"接受"按钮同意进行视频聊天，单击"拒绝"按钮则可以拒绝好友的请求，如图 6-29 所示。

小提示：视频连接成功后，可以在视频框中对视频的显示质量进行设置，选中"开始语音"复选框即可开启语音聊天。

◐ 图 6-29

6.4　与好友互发文件

明明，爷爷想给你王爷爷发个文件，但是文件太大，电子邮件传不了！

爷爷，QQ 也有传文件的功能，比通过电子邮件传送文件方便多了！

6.4.1　给好友传送文件 ▌▌▌▌

如果想要给某个好友传送文件，可以通过执行以下操作来实现。

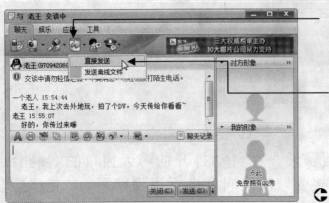

1 在与好友聊天的窗口中，单击"传送文件"按钮。

2 在弹出的下拉菜单中选择"直接发送"命令，如图6-30所示。

ᗷ 图6-30

小知识：如果选择"发送离线文件"命令，则将通过QQ邮箱，以邮件附件的形式给对方发送文件。

3 在弹出的"打开"对话框中选择要发送的文件。

4 单击"打开"按钮，如图6-31所示。

ᗷ 图6-31

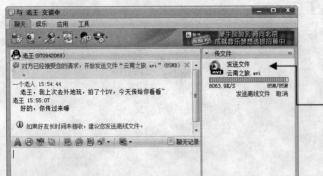

5 在聊天窗口的右侧出现文件传送请求。

6 当好友确认接收文件后，QQ开始传送文件并显示当前传送进度，如图6-32所示。

ᗷ 图6-32

7 文件发送完成后，在聊天信息显示框中会提示文件发送完毕。

此外，在"计算机"窗口中找到需要传送的文件，然后将其拖到对应好友的聊天窗口中，QQ 也会自动向好友发送文件传送请求。

6.4.2　接受好友传来的文件

当好友给自己传送文件时，可以执行以下操作来进行接受。

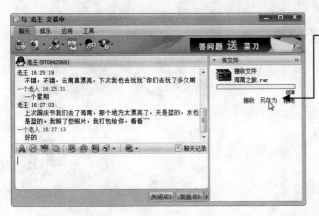

1 当好友给自己传文件时，聊天窗口右侧会提示接收文件。

2 单击"另存为"链接，如图 6-33 所示。

➡ 图 6-33

小知识：如果单击"接收"链接，QQ 会自动将好友传来的文件保存到 QQ 的默认保存目录中。

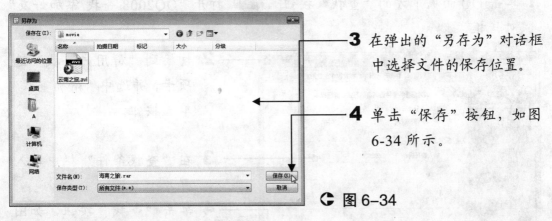

3 在弹出的"另存为"对话框中选择文件的保存位置。

4 单击"保存"按钮，如图 6-34 所示。

➡ 图 6-34

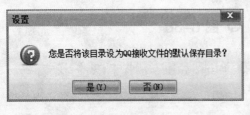

5 在弹出的"设置"对话框中，根据需要选择是否将该目录设为文件的默认保存目录，如图 6-35 所示。

➡ 图 6-35

6 默认目录设置好后，在聊天窗口右侧可以看到文件的接收进度。待文件接收完成后即可进行查看。

6.5 QQ 群的使用

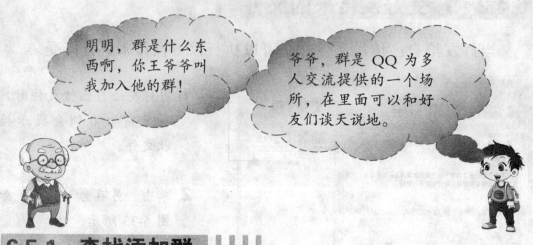

明明，群是什么东西啊，你王爷爷叫我加入他的群！

爷爷，群是 QQ 为多人交流提供的一个场所，在里面可以和好友们谈天说地。

6.5.1 查找添加群

如果需要使用 QQ 群与朋友们聊天，首先需要加入该群。通过 QQ 的查找群功能即可查找并添加合适的群。

1 单击 QQ 面板下方的"查找"按钮 查找，打开"QQ2008 查找/添加好友"对话框。

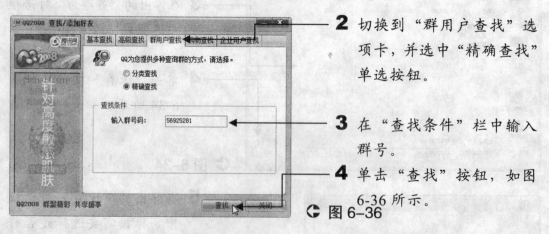

2 切换到"群用户查找"选项卡，并选中"精确查找"单选按钮。

3 在"查找条件"栏中输入群号。

4 单击"查找"按钮，如图 6-36 所示。

◐ 图 6-36

 小提示：如果选中"分类查找"单选按钮，则可以查找某一类型的群。

5 在弹出的对话框中会显示查找到的群。

6 单击"加入该群"按钮，确认添加该群，如图 6-37 所示。

↳ 图 6-37

7 在弹出的对话框中填写请求信息（可不填）。

8 单击"发送"按钮，如图 6-38 所示。

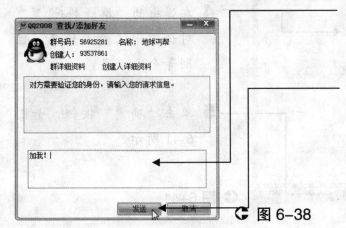

↳ 图 6-38

9 待群管理员同意后，在任务栏的通知区域中会出现小喇叭 🔊。

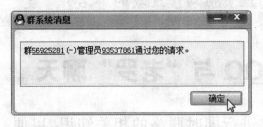

10 单击该喇叭，在弹出的对话框中单击"确定"按钮，如图 6-39 所示。

↳ 图 6-39

11 在 QQ 面板的"QQ 群"列表中可以看见刚才添加的群，双击该群名称，在打开的聊天窗口中即可进行多人聊天。

6.5.2 修改群名片

加入群后一般都需要更改个人的群名片，这样可以让朋友快速地找到自己，修改群名片的操作方法如下。

1 在 QQ 面板的"QQ 群"列表中双击指定的群，打开群聊窗口。

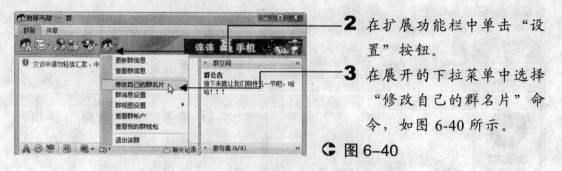

2 在扩展功能栏中单击"设置"按钮。

3 在展开的下拉菜单中选择"修改自己的群名片"命令，如图 6-40 所示。

➜ 图 6-40

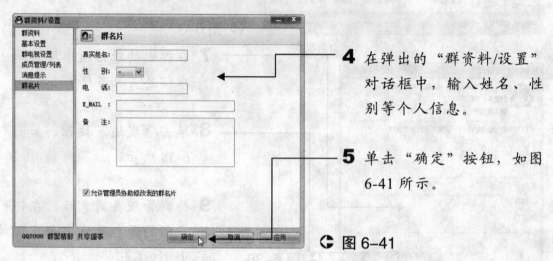

4 在弹出的"群资料/设置"对话框中，输入姓名、性别等个人信息。

5 单击"确定"按钮，如图 6-41 所示。

➜ 图 6-41

 小提示：如果选中了"允许管理员协助修改我的群名片"复选框，则群管理员可以自由更改群名片。

6.6 活学活用——使用 QQ 与"老罗"聊天

本章主要介绍了通过 QQ 与好友进行即时联络的相关知识，以便让老年朋友掌握更便捷的交流方式与朋友进行联络。下面就运用所学知识，通过 QQ 与朋友"老罗"（QQ 号：267131624）聊聊天。

1 登录 QQ，通过前面介绍的添加好友的方法将"老罗"添加到好友列表中。

2 在 QQ 面板的好友列表中双击"老罗"的 QQ 头像，打开聊天窗口。

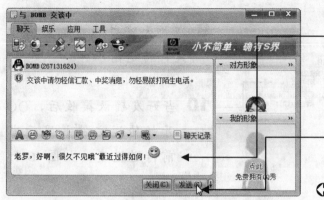

3 在聊天窗口的信息发送栏中输入要发送的文字，可单击"选择表情"按钮😊，添加合适的表情。

4 单击"发送"按钮将该信息发送出去，如图 6-42 所示。

◐ 图 6-42

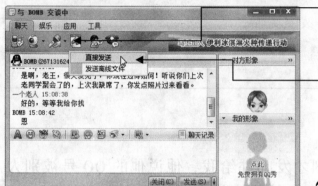

5 在聊天窗口中单击"传送文件"按钮🗂。

6 在弹出的下拉菜单中选择"直接发送"命令，如图 6-43 所示。

◐ 图 6-43

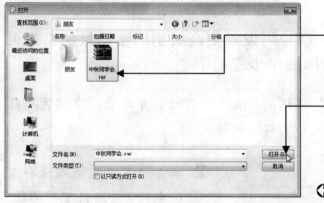

7 在弹出的"打开"对话框中选择要发送的文件。

8 单击"打开"按钮，如图 6-44 所示。

◐ 图 6-44

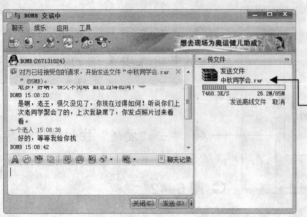

9 在聊天窗口的右侧会出现文件传送请求。

10 当好友确认接收后，QQ开始传送文件并显示当前传送进度，如图 6-45 所示。

○ 图 6-45

11 文件发送完成后会提示文件发送完毕。

6.7 疑难解答

：明明，你张爷爷刚才发邮件给我，他说他的 QQ 号被别人盗了。他只好重新申请了一个，爷爷该怎么保护我的 QQ 号呢？

：爷爷，您只要为 QQ 号码设置更高级别的密码保护，就可以有效防止号码被盗了，具体操作步骤如下。

1 在 QQ 登录框中单击"设置"按钮，在展开的对话框中单击"申请密码保护"链接，打开"QQ 账号服务中心"网页。

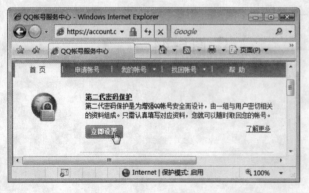

2 单击"第二代密码保护"栏中的"立即设置"按钮，如图 6-46 所示。

3 在弹出的"安全信息"对话框中，单击"是"按钮。

○ 图 6-46

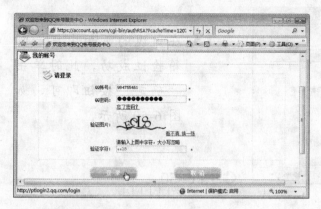

4 在打开的页面中输入 QQ 号码、密码以及验证码。

5 然后单击"登录"按钮，如图 6-47 所示。

6 在弹出的"安全信息"对话框中，单击"是"按钮。

◐ 图 6-47

7 在打开的页面中单击"安全电子邮件地址"栏后的"马上验证"链接，如图 6-48 所示。

8 在弹出的"安全信息"对话框中，单击"是"按钮。

◐ 图 6-48

 小提示：在此页面中单击"安全手机"栏后的"马上设置"链接进行设置，可以绑定手机号；而单击"个人信息"栏后的"马上设置"链接可以添加详细的用户资料。

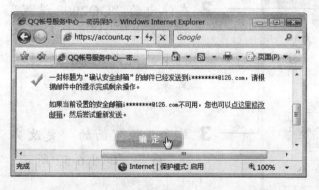

9 在出现的页面中单击"确定"按钮，如图 6-49 所示。

10 在弹出的"安全信息"对话框中，单击"是"按钮。

◐ 图 6-49

11 登录申请 QQ 号码时输入的电子邮箱，在其中打开发件人为"service@tencent.com"的邮件，然后在邮件内容中单击"请点这里完成剩余操作"链接。

12 在弹出的"安全信息"对话框中，单击"是"按钮。

13 在出现的页面中提示邮箱验证成功，此时单击"确定"按钮即可，如图 6-50 所示。

◐ 图 6-50

：明明，爷爷想修改下自己的 QQ 个人资料，该怎么修改呢？

：爷爷，您按照下面的步骤进行操作即可修改个人资料了。

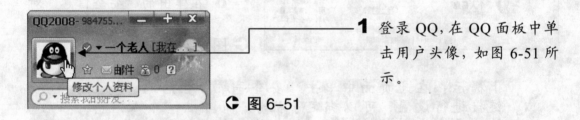

1 登录 QQ，在 QQ 面板中单击用户头像，如图 6-51 所示。

◐ 图 6-51

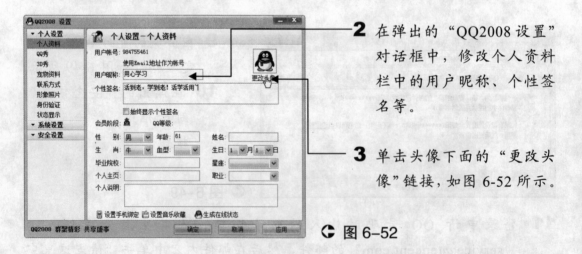

2 在弹出的"QQ2008 设置"对话框中，修改个人资料栏中的用户昵称、个性签名等。

3 单击头像下面的"更改头像"链接，如图 6-52 所示。

◐ 图 6-52

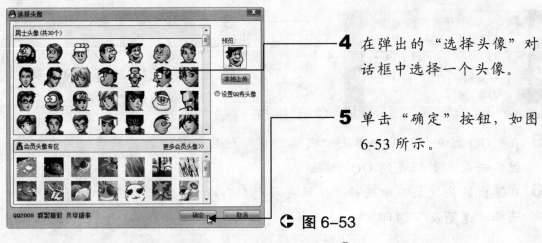

4 在弹出的"选择头像"对话框中选择一个头像。

5 单击"确定"按钮,如图6-53所示。

 图6-53

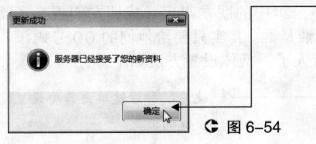

6 在弹出的"更新成功"对话框中提示服务器已经接受了新资料,单击"确定"按钮,如图6-54所示。

 图6-54

7 返回到"QQ2008设置"对话框后,单击"确定"按钮即可完成个人资料的修改。

: 明明,爷爷添加了很多QQ好友,现在分不清哪些是朋友,哪些是网友呢! 在QQ中可以对好友进行分类吗?

: 爷爷,QQ面板中默认有"我的好友"、"陌生人"和"黑名单"3种分类。如果您需要再创建其他分组,可以执行以下操作。

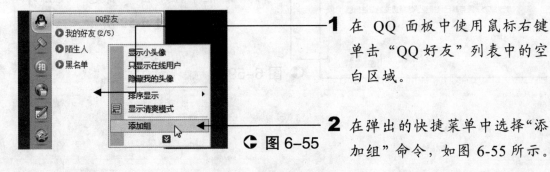

1 在QQ面板中使用鼠标右键单击"QQ好友"列表中的空白区域。

 图6-55

2 在弹出的快捷菜单中选择"添加组"命令,如图6-55所示。

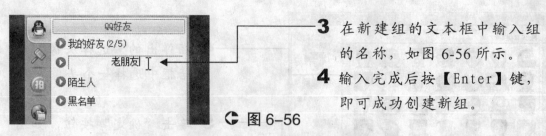

3 在新建组的文本框中输入组的名称，如图 6-56 所示。

4 输入完成后按【Enter】键，即可成功创建新组。

◐ 图 6-56

5 在"QQ 好友"列表中单击"我的好友"组展开该分组，然后使用鼠标右键单击某个老朋友的 QQ 头像。

6 在弹出的快捷菜单中选择"把好友移动到"命令，然后在展开的子菜单中选择"老朋友"组即可。

　　不过就算分了类，如果该分组中的朋友很多，或朋友们更换了用户昵称，则还是很难分得清谁是谁。其实只要给他们的 QQ 号码添加一个备注，以后就不会认错人了，具体设置方法如下。

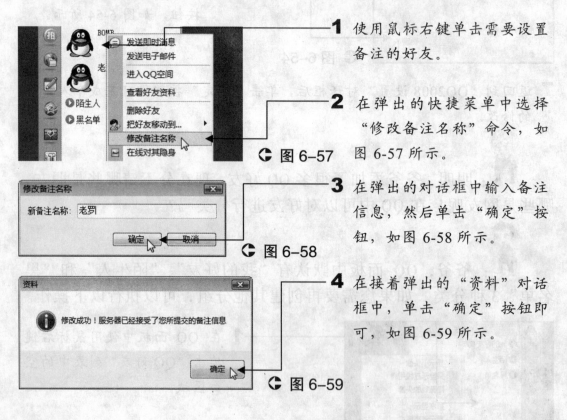

1 使用鼠标右键单击需要设置备注的好友。

◐ 图 6-57

2 在弹出的快捷菜单中选择"修改备注名称"命令，如图 6-57 所示。

◐ 图 6-58

3 在弹出的对话框中输入备注信息，然后单击"确定"按钮，如图 6-58 所示。

◐ 图 6-59

4 在接着弹出的"资料"对话框中，单击"确定"按钮即可，如图 6-59 所示。

第 7 章
网络视听盛宴

本章热点:

★ 在线看电影
★ 在线看电视剧
★ 在线听戏曲、评书
★ 在线收听经典老歌

明明，网络上大多数东西都是你们年轻人玩的，像游戏和音乐等，我们老年人只能聊聊天、发发邮件。

爷爷！其实网上有很多适合老年人的娱乐项目，例如在线看电影、看电视、听评书、听戏曲以及听相声等。

7.1 精彩刺激——在线电影

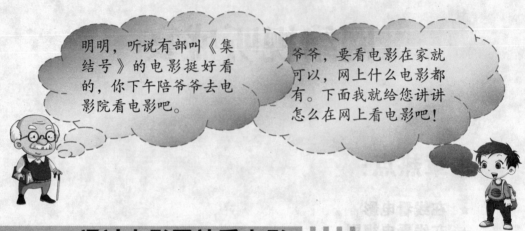

明明，听说有部叫《集结号》的电影挺好看的，你下午陪爷爷去电影院看电影吧。

爷爷，要看电影在家就可以，网上什么电影都有。下面我就给您讲讲怎么在网上看电影吧！

7.1.1 通过电影网站看电影

因特网上的在线电影网站非常多，主要包括收费电影和免费电影两种类型。下面以在免费电影网"www.9070.com"中收看电影《集结号》为例，介绍在线观看电影的方法。

1 启动 IE 浏览器，在地址栏中输入网址"www.9070.com"，然后按【Enter】键。

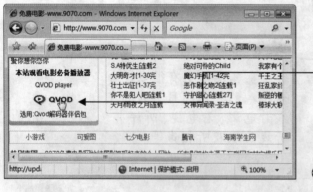

2 在打开的页面中拖动垂直滚动条到页面底部。

3 然后单击"QVOD"链接，下载软件的安装程序，如图 7-1 所示。

 图 7-1

 小提示：在该网站中观看电影应事先安装"Qvod Player"播放器，以获得高清晰的播放效果。

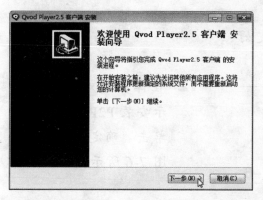

🔿 图 7-2

4 下载完成后在保存目录中双击"QvodSetup"程序图标，运行该安装程序。

5 在弹出的软件安装向导中根据提示安装好该软件，如图 7-2 所示。

🔿 图 7-3

6 在该网站的首页中找到电影搜索框，在其中输入"集结号"。

7 单击右侧的"搜索"按钮查找该影片，如图 7-3 所示。

🔿 图 7-4

8 在稍后打开的搜索结果页面中，会将符合要求的电影显示出来。

9 在结果中单击某一个电影项，如图 7-4 所示。

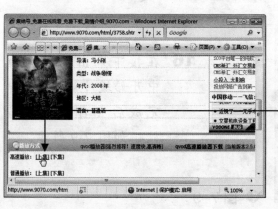

🔿 图 7-5

10 在接下来打开的页面中会显示该电影的详细介绍。

11 在下面的"播放方式"栏中，单击"高速播放"方式后的"上集"链接，如图 7-5 所示。

小提示：在选择播放方式时，建议用户选择"高速播放"方式，这样电影的视觉效果会更好。

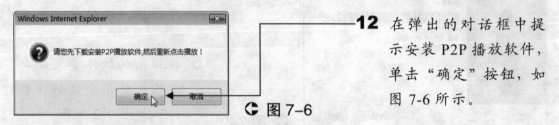

12 在弹出的对话框中提示安装 P2P 播放软件，单击"确定"按钮，如图 7-6 所示。

● 图 7-6

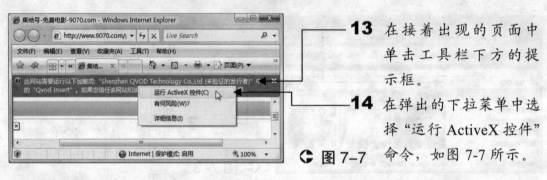

13 在接着出现的页面中单击工具栏下方的提示框。

14 在弹出的下拉菜单中选择"运行 ActiveX 控件"命令，如图 7-7 所示。

● 图 7-7

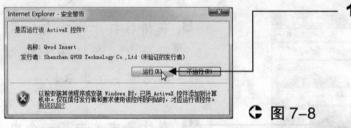

15 在弹出的"Internet Explorer–安全警告"对话框中，单击"运行"按钮，安装 Qvod 控件，如图 7-8 所示。

● 图 7-8

小提示：单击"运行"按钮后，如果弹出"安全"对话框，应单击"允许"按钮。如果弹出"Windows 安全警报"对话框，则单击"解除锁定"按钮，允许加载 Qvod Player。

16 在接下来出现的页面中开始缓冲影片，缓冲完成后会自动进行播放，如图 7-9 所示。

● 图 7-9

　　虽然网上的电影网站很多，不过很多电影网站存在不安全或者不稳定因素。下面推荐一些常用的比较稳定、安全的电影网站。

- ★　鸿波网视：http://www.hbol.net
- ★　21CN 宽频影院：http://v.21cn.com
- ★　TOM365：http://www.tom365.com
- ★　移动星空影视：http://www.netmv.net
- ★　E 视网：http://www.netandtv.com
- ★　ETgo 宽频娱乐：http://www.etgo.cn
- ★　世纪前线：http://avl.gd.vnet.cn
- ★　世纪影院：http://www.21vod.net
- ★　天空影视：http://www.4577.com

7.1.2　通过视频网站看电视剧

　　除了可以通过电影网站观看电影、电视剧外，目前人气较旺的视频网站也逐渐成为网民进行视频共享的新方式，下面就以知名的视频网站"优酷网"为例，介绍如何在线搜索、观看电影或电视剧。

1 启动 IE 浏览器，在地址栏中输入"www.youku.com"，打开优酷视频网站。

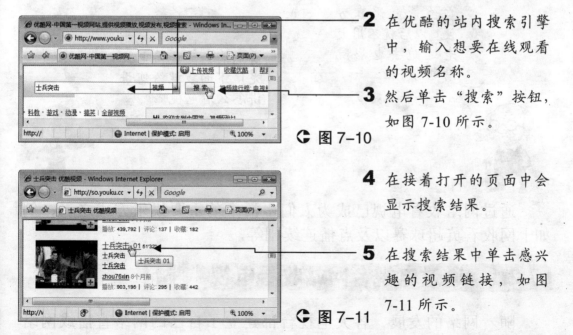

2 在优酷的站内搜索引擎中，输入想要在线观看的视频名称。

3 然后单击"搜索"按钮，如图 7-10 所示。

◐ 图 7-10

4 在接着打开的页面中会显示搜索结果。

5 在搜索结果中单击感兴趣的视频链接，如图 7-11 所示。

◐ 图 7-11

6 在接着打开的页面中即可观看该视频了，如图7-12所示。

◐ 图7-12

除了上述的"优酷网"外，还有很多视频网站都非常受欢迎，下面列举一些人气较旺的视频网站供用户参考。

★ 土豆网：http://www.tudou.com
★ 我乐网：http://www.56.com
★ 酷6网：http://www.ku6.com
★ 六间房：http://6.cn

7.2 好戏连台——在线电视

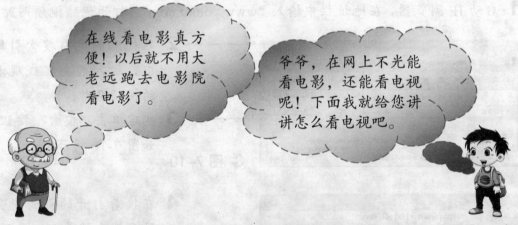

通过网络收看电视已成为人们生活中的重要娱乐方式之一，例如上网收看英超球赛以及点播连续剧等。

7.2.1 通过电视台网站收看电视 ‖‖‖‖

随着网络的发展，各大电视台都建立了自己的网络直播或网络转播站，这里以中央电视台网站为例介绍如何在线看电视。

1 通过 IE 浏览器进入中央电视台网络电视网站的首页（http://tv.cctv.com）。

2 在其中会看到中央电视台各个频道的节目表。

3 在节目表中单击某一个节目，例如"天天饮食"，如图 7-13 所示。

➡ 图 7-13

4 在打开的页面中可以看到该栏目中最新的视频。

5 单击其中某一个视频，例如"西湖醋鱼"，如图 7-14 所示。

➡ 图 7-14

6 在接着打开的页面中即可收看该电视节目了，如图 7-15 所示。

➡ 图 7-15

目前大多数电视台都提供了网络直播或点播服务，下面推荐几个比较常用的电视台网站。

★ 中国教育电视台：www.cetv.edu.cn

★ 旅游卫视：http://www.tctc.com.cn

★ 华娱卫视：http://www.cetv.com/broadcast/
★ 湖南电视台：http://news.hunantv.com.cn/video/
★ 北京电视台：http://tv.btv.com.cn/tv/tvindex.htm

7.2.2 通过 QQLive 收看电视

QQLive 是腾讯公司提供的一个 P2P 流媒体传播平台，用户通过它可以非常方便地观看喜爱的电视剧或电影。

1. 安装 QQLive 软件

在使用 QQLive 收看电视之前，需要先安装 QQLive 软件，该软件的安装方法如下。

1 登录 QQ，在 QQ 面板的扩展工具栏中单击"网络电视（QQLive）"按钮 。

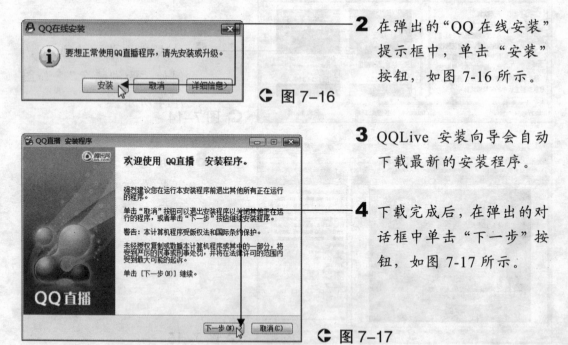

2 在弹出的"QQ 在线安装"提示框中，单击"安装"按钮，如图 7-16 所示。

○ 图 7-16

3 QQLive 安装向导会自动下载最新的安装程序。

4 下载完成后，在弹出的对话框中单击"下一步"按钮，如图 7-17 所示。

○ 图 7-17

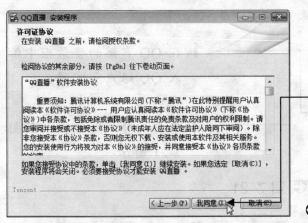

5 在弹出的对话框中阅读"许可证协议"。

6 单击"我同意"按钮,如图 7-18 所示。

☞ 图 7-18

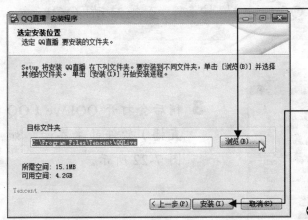

7 在弹出的对话框中单击"浏览"按钮,选择软件的安装位置。

8 返回"选定安装位置"对话框后,单击"安装"按钮,如图 7-19 所示。

☞ 图 7-19

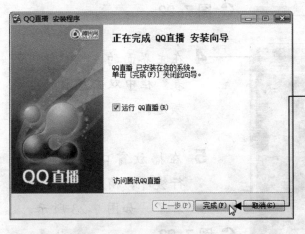

9 安装向导开始复制安装 QQLive 所需的文件。

10 文件复制完成后会弹出对话框,在其中单击"完成"按钮即可,如图 7-20 所示。

☞ 图 7-20

2. 收看喜爱的电视

QQLive 软件安装好后,就可以通过它收看喜爱的电视节目了,

畅游网络世界

具体操作步骤如下。

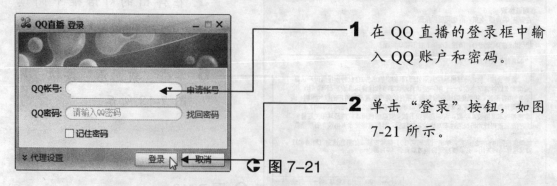

1 在 QQ 直播的登录框中输入 QQ 账户和密码。

2 单击"登录"按钮，如图 7-21 所示。

图 7-21

小知识：如果用户开启了 QQ，可以在 QQ 面板的扩展工具栏中单击"网络电视（QQLive）"按钮，直接启动 QQLive 软件。

3 稍后会打开 QQLive（QQ 直播）软件的主界面，如图 7-22 所示。

图 7-22

4 在主界面的左侧"频道列表"栏中双击想看的电视频道。

5 在播放窗口中会自动进行缓冲，稍后即可进行观看了，如图 7-23 所示。

图 7-23

7.2.3　通过 PPLive 收看电视

　　PPLive 网络电视和 QQLive 一样是基于 P2P 技术的流媒体传播平台，它提供了非常丰富的电视节目，是目前用户最多的网络电视软件之一。这里就介绍下怎么通过它来收看喜爱的电视节目。

1 登录 PPLive 的官网（http://www.ppstream.com）下载最新版本的安装程序，然后将其安装到电脑中。

2 在桌面上双击"PPLive 网络电视"图标。

3 稍后会弹出"PPLive 网络电视"的主界面，如图 7-24 所示。

◐ 图 7-24

4 在主界面右侧的"直播"栏中双击想看的电视频道。

5 在播放窗口中会自动进行缓冲，稍后即可进行观看了，如图 7-25 所示。

◐ 图 7-25

　小知识：按【Alt+Enter】组合键可以进行全屏播放；如果要退出全屏播放，只要双击播放窗口即可。

7.3 悠闲自得——在线戏曲、评书

明明，你看爷爷的收音机又坏了！想听听京剧、评书都不行了。

爷爷，您别急！其实在网上也可以听戏曲、评书啊，这里我就教教您怎么操作吧。

7.3.1 逛"梨园"看大戏 ||||

因特网上有很多戏曲网站，通过这些网站可以观看或收听喜爱的戏曲，这里以在戏迷网（http://www.ximiw.com/）中欣赏戏曲为例进行介绍。

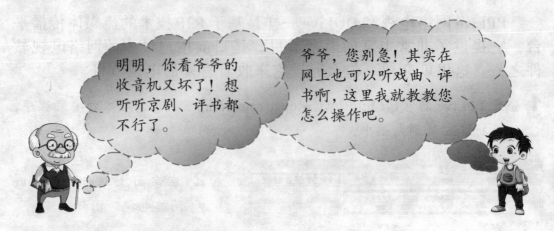

1 在 IE 浏览器中打开戏迷网（http://www.ximiw.com）。

2 在打开的页面中选择戏曲的类别，例如"京剧"，如图 7-26 所示。

◖ 图 7-26

3 在弹出的页面中会列出该网站中的所有京剧。

4 在列表中单击需要收听的戏曲，如图 7-27 所示。

◖ 图 7-27

5 在接着弹出的页面中会显示所选京剧的详细信息，如演唱者、唱词等。

6 单击其中的"试听"链接，如图 7-28 所示。

◑ 图 7-28

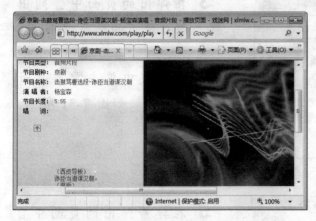

7 在接着打开的页面中会自动播放该京剧，如图 7-29 所示。

◑ 图 7-29

　　如果需要欣赏的戏曲在该网站中没有，还可以到其他戏曲网站中去查找，这里推荐几个常见的网站供用户参考。

- ★ 中国戏曲网：http://www.chinaopera.net/
- ★ 咚咚锵中华戏曲网：http://www.dongdongqiang.com/
- ★ 华夏戏曲网：http://www.xiqu8.com/
- ★ 神州戏曲网：http://www.szxq.com/
- ★ 中国京剧艺术网：http://www.jingjuok.com/
- ★ 京剧老唱片：http://oldrecords.xikao.com/

7.3.2　在线评书绘声绘色 ▌▌▌▌▌

　　老年朋友都比较喜欢听评书，在网上也有很多专业的评书网站，在其中可以收听到田连元、单田芳、刘兰芳等评书艺术家绘声绘色的评书。

1 在 IE 中打开我听评书网
（http://www.5tps.com/）。

2 在打开的页面中选择需
要收听的评书目录，如图
7-30 所示。

◖ 图 7-30

3 在弹出的页面中会列出
该目录下的所有评书。

4 在列表中单击需要收听
的评书，如图 7-31 所示。

◖ 图 7-31

5 在接着弹出的页面中自
动进行缓冲，稍后即可进
行收听，如图 7-32 所示。

◖ 图 7-32

除了以上介绍的评书网站外，还有很多评书网站也提供了丰富
的评书，下面推荐几个知名的网站供用户参考。

★ 评书吧：http://www.pingshu8.com/

★ 中国评书网：http://www.51pingshu.com/

★ 永远的评书：http://www.ps12345.com/

★ 凉都评书网：http://ps.lpscn.com/

★ 我爱评书网：http://www.5ips.net/

★ 大地评书网：http://www.pingshu.net/

7.3.3　在线相声场场精彩

老年朋友都比较喜欢听相声，在网上也有很多专业的相声网站，在其中可以收听到众多著名艺术家绘声绘色的相声。

1 在 IE 中打开听相声网（http://www.tingxs.com/）。

2 在打开的页面中单击导航列表中的"听相声"链接，如图 7-33 所示。

◯ 图 7-33

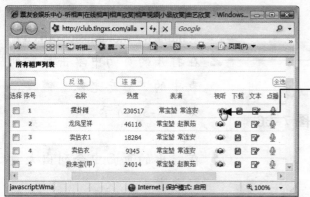

3 在弹出的页面中会列出最新的相声。

4 在列表中单击需要收听的相声后的"视听"按钮 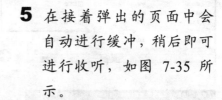，如图 7-34 所示。

◯ 图 7-34

5 在接着弹出的页面中会自动进行缓冲，稍后即可进行收听，如图 7-35 所示。

◯ 图 7-35

 小提示：如果无法播放，则可能是电脑上没有安装 RealPlayer 播放器。只要在网上下载并安装 RealPlayer 后，即可正常播放。

除了以上介绍的相声网站外，因特网上还有很多优秀的相声网站，这里推荐几个人气较旺的网站供用户参考。

★ 中国相声网：http://www.cnquyi.com/xiangsheng/

★ 中华相声网：http://www.xiangsheng.org/

★ 天津相声网：http://www.tjxiangsheng.com/

★ 相声小品网：http://www.xsxpw.com/

★ 周末相声俱乐部：http://bb.news.qq.com/zt/2006/xsclub/

7.3.4 经典老歌在线收听

此外，因特网上还有很多音乐网站提供了大量的经典老歌供用户下载或在线收听，这里以"老歌网"为例介绍在线听歌的具体方法。

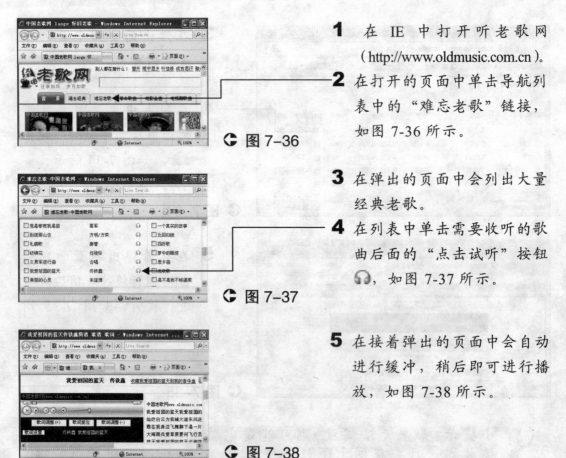

➊ 图 7-36

➊ 图 7-37

➊ 图 7-38

1 在 IE 中打开听老歌网（http://www.oldmusic.com.cn）。

2 在打开的页面中单击导航列表中的"难忘老歌"链接，如图 7-36 所示。

3 在弹出的页面中会列出大量经典老歌。

4 在列表中单击需要收听的歌曲后面的"点击试听"按钮🎧，如图 7-37 所示。

5 在接着弹出的页面中会自动进行缓冲，稍后即可进行播放，如图 7-38 所示。

除了以上所讲的音乐网外，还有许多不错的音乐网站，下面就推荐几个网站供用户参考。

★　老歌年代：http://www.laoge123.com/
★　怀旧音乐城堡：http://www.1000kg.com/cs/
★　九天音乐网：http://www.9sky.com
★　中国音乐网：http://www.cnmusic.com
★　天籁村音乐网：http://www.6621.com
★　好听音乐网：http://www.haoting.com
★　音乐红茶馆：http://www.musictea.com

7.4　活学活用——使用 QQLive 收看电视

本章主要介绍了通过因特网在线看电影和电视、在线听评书和戏曲以及在线听歌等知识，以丰富老年朋友的网络生活。下面就运用所学知识通过 QQLive 收看喜爱的电视节目。

1 登录 QQ，在 QQ 面板底部的扩展工具栏中单击"网络电视（QQLive）"按钮，启动 QQ 直播程序。

2 在主界面左侧的频道列表中选择喜爱的节目，如"TVB 剧场"目录下的"封神榜"，如图 7-39 所示。

3 双击所选的节目。

◐ 图 7-39

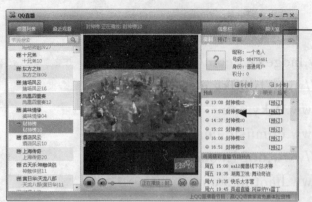

4 节目开始缓冲，稍后在播放窗口中就会自动进行播放，如图 7-40 所示。

◐ 图 7-40

小提示：单击播放窗口下方的"精简模式"按钮，可以按精简模式进行播放，如图 7-41 所示；单击"全屏"按钮则可以进行全屏播放。

◐ 图 7-41

7.5 疑难解答

：明明，爷爷在看电影的时候，画面有时就自动暂停了，为什么呢？

：爷爷，其实这不是画面暂停了，而是因为电影在缓冲。由于在线电影都是一边缓冲一边播放，所以建议您在观看电影时，先暂停播放，让播放器缓冲一会儿，再进行播放，就可以很好地避免这种情况了。

如果缓冲现象出现很频繁，建议您将这部电影下载下来或换个电影网站试试。

：PPLive 上的"点播"是用来做什么的啊？该怎么使用呢？

：爷爷，PPLive 除了可以网络直播电视节目外，还提供了"点播"功能，通过该功能观看电视，您可以自己选择电视的进度。而通过"直播"只能收看服务器上正在播放的节目。使用"点播"功能来观看电视的操作步骤如下。

1 在主界面的右侧单击"点播"按钮。

2 在打开的点播列表中双击想看的节目。

3 在播放窗口中会自动进行缓冲，稍后即可进行观看了，如图 7-42 所示。

◐ 图 7-42

：明明，爷爷收音机坏了，要是在网上能够收听广播该多好啊！

：爷爷，因特网是万能的，通过它不仅可以在线看电影、听戏曲，还可以收听广播，具体操作步骤如下（这里以中央人民广播电台为例）。

1 在 IE 浏览器中打开中央人民广播电台（http://www.cnr.cn）。

2 在打开的页面中提供了"中国之声"、"经济之频"等多套节目，用户可以通过直播或点播的方式来收听喜欢的节目。

3 在页面右侧的"银河台"中单击"经济之声"链接，如图 7-43 所示。

○ 图 7-43

4 在弹出的"Windows Media Player 11"页面中选中"快速设置（推荐）"单选按钮。

5 单击"完成"按钮，如图 7-44 所示。

○ 图 7-44

6 在接下来打开的页面中会自动进行缓冲，稍后即可进行收听，如图 7-45 所示。

○ 图 7-45

小知识：如果单击"点播"中的频道，则会弹出该频道中所有点播节目的名称和直播时间段，如果时间段前带有①图标，表示该节目使用 RealPlayer 播放；而时间段前带有▶图标，则表示使用 Windows Media Player 播放。

随着网络的普及，越来越多的网络电台出现在人们的生活中，下面推荐一些优秀的网络电台供用户参考。

★ 猫扑电台：http://radio.mop.com
★ 国际在线：http://gb.cri.cn
★ 广东电台：http://www.rgd.com.cn
★ 北京广播网：http://www.bjradio.com.cn

第8章
网络人文休闲

本章热点:

★ 网上文学之家
★ 网上论坛
★ 网上聊天室
★ 博客

明明,网络是挺方便的,不过感觉适合我们老年人的东西太少了。

爷爷!不是少,而是您不熟悉。在网上可以看小说、逛论坛、进茶馆、写日记等,下面就给您讲讲这些内容吧。

8.1　诗词歌赋——网上文学之家

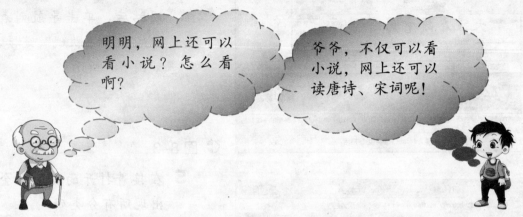

明明，网上还可以看小说？怎么看啊？

爷爷，不仅可以看小说，网上还可以读唐诗、宋词呢！

对于老年朋友来说，在网上阅读文学作品，不仅可以省下买书的成本，还可以打发时间，何乐不为呢！下面以在"天涯书库"中阅读诗词歌赋为例，介绍如何浏览网上文学。

⊙ 图 8-1

1 通过 IE 浏览器打开百度搜索引擎。

2 在搜索框中输入"天涯书库"，单击"百度一下"按钮，如图 8-1 所示。

⊙ 图 8-2

3 在搜索结果中，单击"天涯在线书库"链接，如图 8-2 所示。

4 进入"天涯在线书库"网站后，单击导航列表中的"诗词歌赋"链接，如图 8-3 所示。

C 图 8-3

5 在接着打开的页面中会出现所有分类列表。

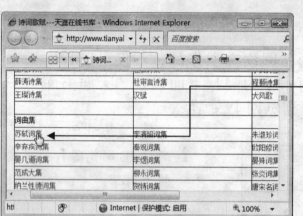

6 单击需要查看的诗词类型，如"苏轼词集"，如图 8-4 所示。

C 图 8-4

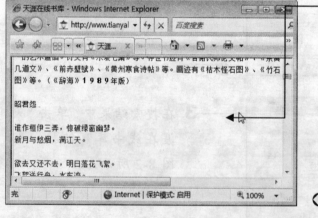

7 在接下来打开的页面中即可看到所选类型的详细内容了，如图 8-5 所示。

C 图 8-5

8.2 精彩点评——网上论坛

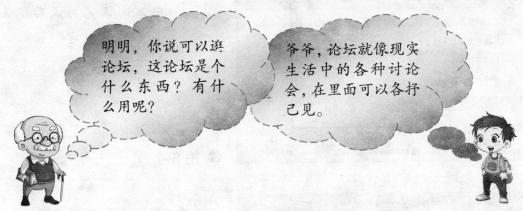

明明，你说可以逛论坛，这论坛是个什么东西？有什么用呢？

爷爷，论坛就像现实生活中的各种讨论会，在里面可以各抒己见。

论坛是新兴的网络交流平台，又叫 BBS，是网络用户进行交流的平台。它突破了时间和地域的限制，让用户可以随时随地参与某个问题的讨论，并发表自己的观点。

8.2.1 如何登录论坛

网络上的论坛众多，适合老年朋友的也不少，这里就以人气较旺的"夕阳红论坛"为例，介绍如何登录论坛。

1. 注册用户名

在夕阳红论坛中，别人发的帖子中若是包含了附件，没有注册的用户是不能查看或下载的。执行以下操作可以注册成为该论坛的会员。

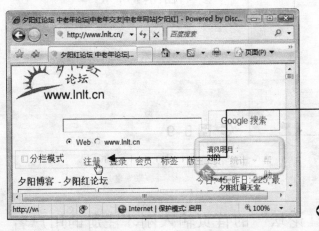

图 8-6

1 通过 IE 打开夕阳红论坛（www.lnlt.cn）。

2 进入论坛首页后，单击导航栏中的"注册"链接，如图 8-6 所示。

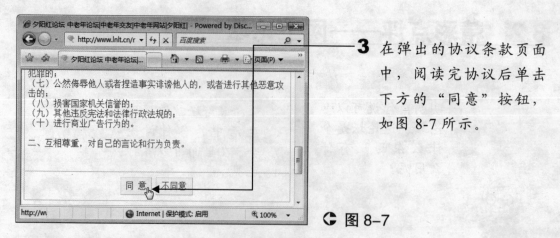

3 在弹出的协议条款页面中，阅读完协议后单击下方的"同意"按钮，如图 8-7 所示。

↺ 图 8-7

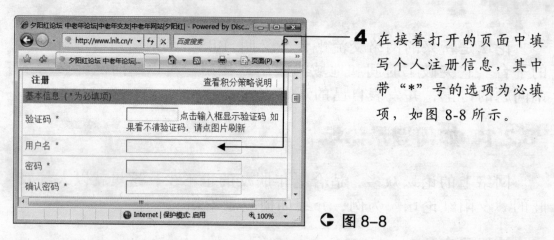

4 在接着打开的页面中填写个人注册信息，其中带"*"号的选项为必填项，如图 8-8 所示。

↺ 图 8-8

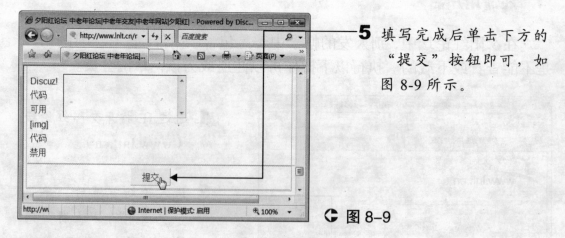

5 填写完成后单击下方的"提交"按钮即可，如图 8-9 所示。

↺ 图 8-9

2. 登录论坛

注册成功后，在"夕阳红论坛"的首页输入刚才注册的用户名和密码，然后单击"登录"按钮即可，如图 8-10 所示。

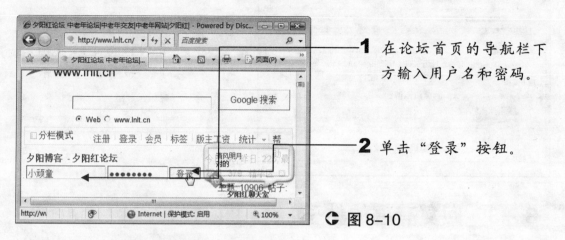

1 在论坛首页的导航栏下方输入用户名和密码。

2 单击"登录"按钮。

◐ 图 8-10

8.2.2　如何浏览帖子

登录夕阳红论坛后，就可以浏览感兴趣的帖子了，具体操作步骤如下。

1 登录成功后，在打开的页面中可查看到该论坛中的所有子板块了。

2 在其中选择感兴趣的板块名称，如"旅游摄影"，如图 8-11 所示。

◐ 图 8-11

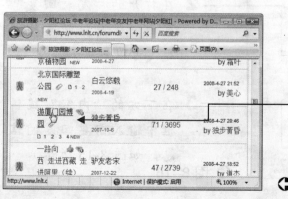

3 在打开的页面中会列出该板块下的所有帖子。

4 单击需要查看的帖子标题，如图 8-12 所示。

◐ 图 8-12

5 在接着打开的页面中即可看到该帖子的详细内容了，如图 8-13 所示。

◐ 图 8-13

8.2.3 回复有趣的帖子

浏览完帖子后，如果想发表自己对该帖子的看法，可执行以下操作。

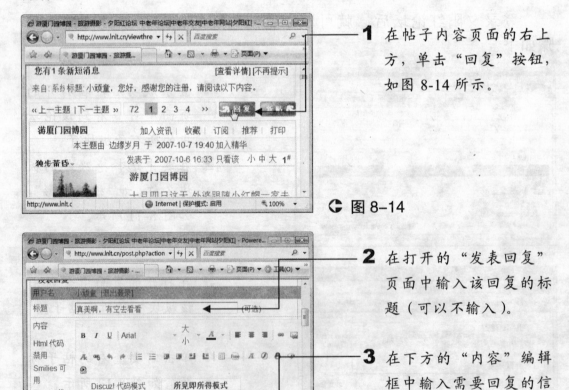

1 在帖子内容页面的右上方，单击"回复"按钮，如图 8-14 所示。

◐ 图 8-14

2 在打开的"发表回复"页面中输入该回复的标题（可以不输入）。

3 在下方的"内容"编辑框中输入需要回复的信息，如图 8-15 所示。

◐ 图 8-15

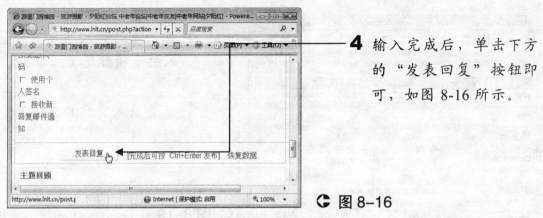

4 输入完成后，单击下方的 "发表回复" 按钮即可，如图 8-16 所示。

🌀 图 8-16

除了以上方法外，在帖子内容页面的底部一般都带有一个 "快速回复主题" 栏，通过它可以快速地进行回复，如图 8-17 所示。

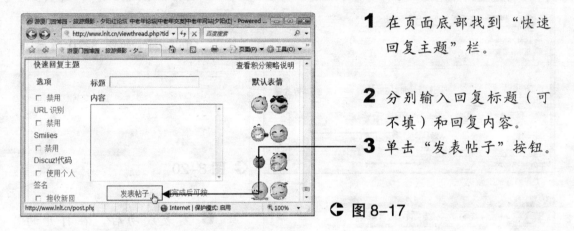

1 在页面底部找到 "快速回复主题" 栏。

2 分别输入回复标题（可不填）和回复内容。

3 单击 "发表帖子" 按钮。

🌀 图 8-17

8.2.4 发表新的帖子

前面介绍了如何查看和回复别人的帖子，如果希望将自己擅长或感兴趣的某个话题发表到论坛上，可以执行以下操作。

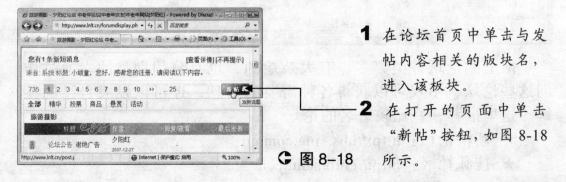

1 在论坛首页中单击与发帖内容相关的版块名，进入该板块。

2 在打开的页面中单击 "新帖" 按钮，如图 8-18 所示。

🌀 图 8-18

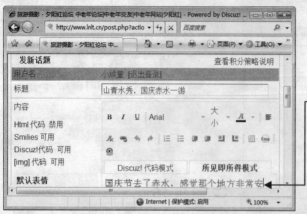

3 在接着打开的页面中输入帖子的标题（必填）。

4 接着输入正文内容，如图8-所示。

● 图 8-19

5 输入完成后，单击页面下方的"发新话题"按钮即可，如图8-20所示。

● 图 8-20

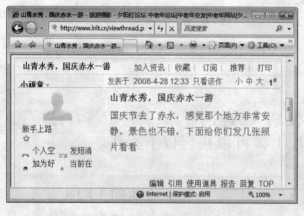

6 发表成功后，在打开的页面中即可看到刚才所发的帖子及其内容了，如图8-21所示。

● 图 8-21

　　网上的论坛种类繁多，有大杂烩的，也有分门别类的。通过访问这些论坛，不仅可以获得各种需要的信息，还可以发表自己的见解。这里推荐一些比较著名的论坛。

　　★　新浪论坛：http://bbs.sina.com.cn
　　★　搜狐社区：http://club.sohu.com

★ 中华论坛：http://bbs.china.com
★ 猫扑网：http://www.mop.com
★ 21cn：http://forum.21cn.com

8.3　网上茶馆——网络聊天室

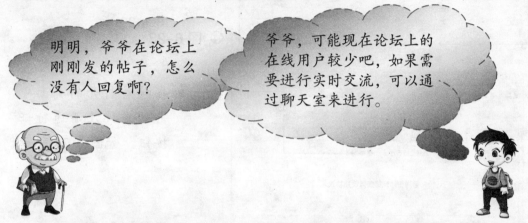

网络聊天室是网民们谈天说地的地方，这里用户所发的信息都能够得到其他人的即时回复，这样交流起来更加便捷。

8.3.1　注册用户名

目前网上有很多聊天室，例如碧聊、聊聊等，在其中通过"游客"或会员身份进入即可进行聊天。但在人气较旺的时候，"游客"身份很容易被踢出聊天室，建议用户先申请成为会员后再进行聊天。

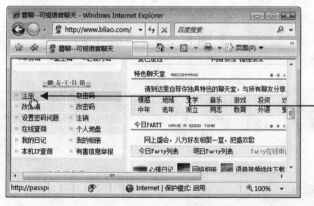

1 通过 IE 打开碧聊（http://www.bliao.com）。

2 在"聊天工具箱"栏中单击"注册"链接，如图 8-22 所示。

◐ 图 8-22

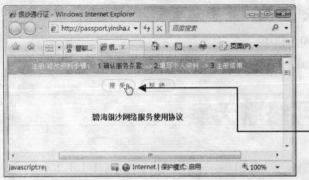

3 在打开的"银沙通行证"页面中阅读"碧海银沙网络服务使用协议"。

4 单击"接受"按钮，如图 8-23 所示。

🕞 图 8-23

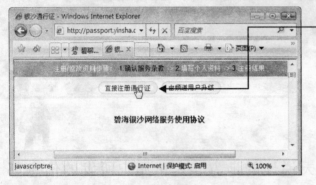

5 在接着打开的页面中单击"直接注册通行证"按钮，如图 8-24 所示。

🕞 图 8-24

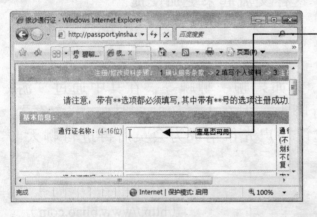

6 在接着打开的页面中正确填写通行证名称、通行证密码和昵称等基本信息，如图 8-25 所示。

🕞 图 8-25

 小提示：填写通行证名称后，可单击"查是否可用"按钮对用户名进行检测，如果名称已被使用，会提示重新输入；如果名称可用，则提示返回继续填写资料。

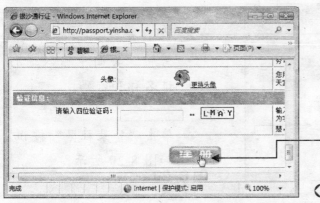

7 个人信息填写完成后需要更改头像，并填写验证码。

8 单击"注册"按钮，如图 8-26 所示。

◐ 图 8-26

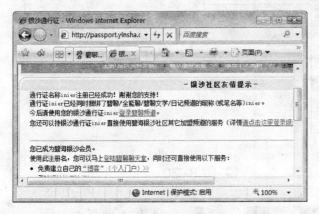

9 在接下来打开的页面中会提示注册成功，如图 8-27 所示。

◐ 图 8-27

8.3.2　进入聊天室

注册成功后，即可选择合适的聊天室进行聊天，具体操作步骤如下。

1 在碧聊首页中，根据自己的爱好单击某个聊天室类型的链接，如图 8-28 所示。

◐ 图 8-28

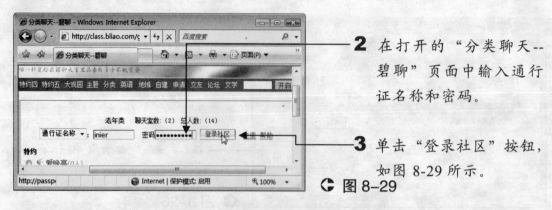

2 在打开的"分类聊天--碧聊"页面中输入通行证名称和密码。

3 单击"登录社区"按钮,如图 8-29 所示。

⊙ 图 8-29

4 在打开的页面中单击某个聊天室的链接,如图 8-30 所示。

⊙ 图 8-30

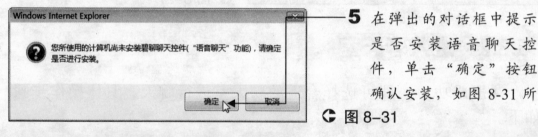

5 在弹出的对话框中提示是否安装语音聊天控件,单击"确定"按钮确认安装,如图 8-31 所示。

⊙ 图 8-31

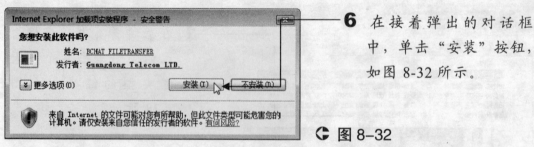

6 在接着弹出的对话框中,单击"安装"按钮,如图 8-32 所示。

⊙ 图 8-32

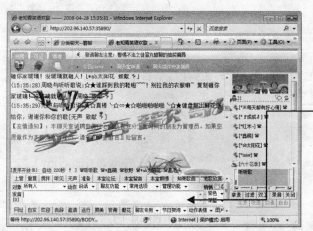

7 稍后会自动进入聊天室窗口。

8 在聊天控制面板中输入聊天信息，然后单击"发送"按钮即可进行聊天，如图 8-33 所示。

◐ 图 8-33

小知识：窗口中间是聊天信息显示区，在其中会显示聊天室中所有成员的公共聊天记录。

8.4　网络札记——博客

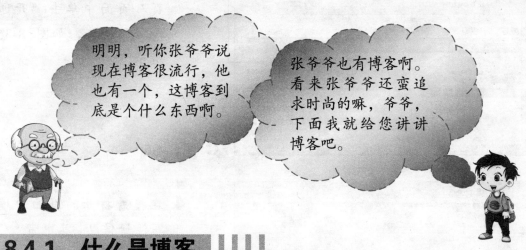

明明，听你张爷爷说现在博客很流行，他也有一个，这博客到底是个什么东西啊。

张爷爷也有博客啊。看来张爷爷还蛮追求时尚的嘛，爷爷，下面我就给您讲讲博客吧。

8.4.1　什么是博客

"博客"的英文名为 Weblog，简称 Blog，意思是"网络日志"。博客就好像一个网络日记本，我们可以将自己的生活故事、生活照片、喜欢的音乐等及时发布到 Blog 中。

如果把论坛（BBS）比喻为开放的广场，那么博客就是网络用户开放的私人房间。

8.4.2 如何开通博客 ||||

在使用博客之前，需要先开通属于自己的博客。这里以目前人气最高的"新浪"博客为例进行介绍。

1 通过 IE 打开新浪首页（http://www.sina.com）。

2 单击导航栏中的"博客"链接，如图 8-34 所示。

◐ 图 8-34

3 在打开的"新浪博客首页"页面中单击"开通博客"链接，如图 8-35 所示。

◐ 图 8-35

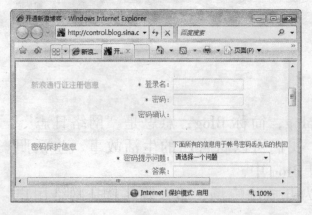

4 在接着打开的页面中填写注册信息，其中带"*"号的选项为必填项，如图 8-36 所示。

◐ 图 8-36

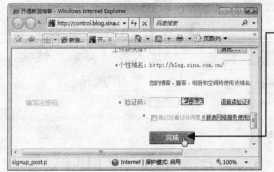

图 8-37

5 设置完成后输入验证码，然后单击"完成"按钮，如图 8-37 所示。

图 8-38

6 在接下来打开的页面中会提示"新浪博客"已经开通成功，如图 8-38 所示。

 小提示：在其他博客网站中开通博客的方法与以上方法相似，请用户根据实际情况进行操作。

8.4.3　管理博客 ||||

只是开通了博客还不够，还需要对博客进行管理，经常为自己的博客增添新活力，可以留住更多人的目光。

1. 登录博客

图 8-39

1 在"新浪博客首页"页面中输入刚才注册的用户名和密码。

2 单击"登录"按钮登录自己的新浪博客，如图 8-39 所示。

3 在打开的页面中单击
"进入我的博客"链接，
如图 8-40 所示。

图 8-40

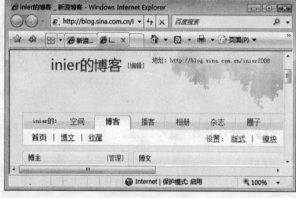

4 在接着打开的页面中即
可显示自己的博客页
面，如图 8-41 所示。

图 8-41

2. 更改模板风格

如果对默认的博客模块样式不满意，可以更改整个模板或者单个栏目板块的风格，具体操作步骤如下。

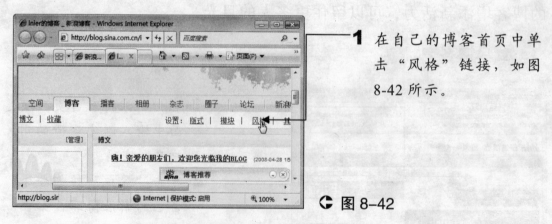

1 在自己的博客首页中单
击"风格"链接，如图
8-42 所示。

图 8-42

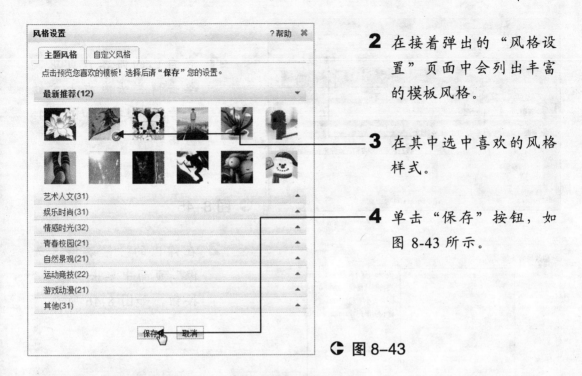

2 在接着弹出的"风格设置"页面中会列出丰富的模板风格。

3 在其中选中喜欢的风格样式。

4 单击"保存"按钮，如图 8-43 所示。

◐ 图 8-43

5 接着会刷新当前网页，其模板风格已经被更改了，如图 8-44 所示。

◐ 图 8-44

3. 上传形象照片

在个人博客首页的左上方，有个专门显示博主头像的地方。如果在开通博客的时候没有设置，进入博客后还可以自定义设置，具体操作步骤如下。

1 在自己的博客首页中，单击博主头像右上方的"管理"链接，如图 8-45 所示。

€ 图 8-45

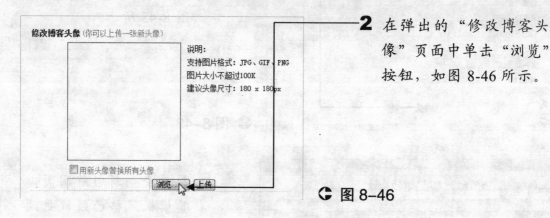

2 在弹出的"修改博客头像"页面中单击"浏览"按钮，如图 8-46 所示。

€ 图 8-46

3 在打开的"选择文件"窗口中选择合适的图片。

4 单击"打开"按钮，如图 8-47 所示。

€ 图 8-47

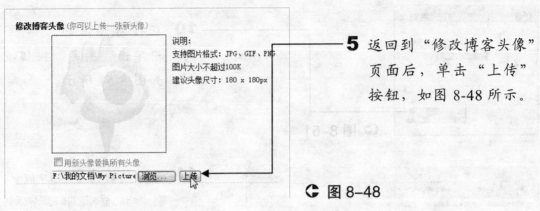

5 返回到"修改博客头像"页面后，单击"上传"按钮，如图 8-48 所示。

◐ 图 8-48

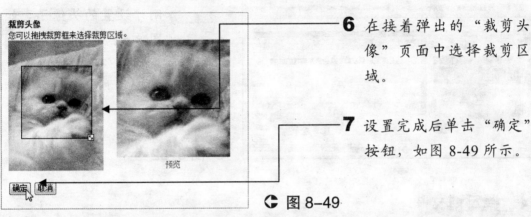

6 在接着弹出的"裁剪头像"页面中选择裁剪区域。

7 设置完成后单击"确定"按钮，如图 8-49 所示。

◐ 图 8-49

 小提示：拖曳裁剪框右下角的 图标，可以更改显示区域的大小。

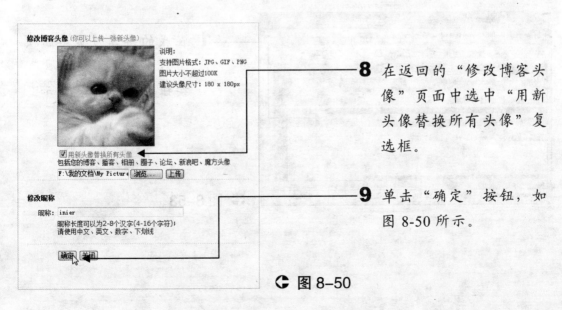

8 在返回的"修改博客头像"页面中选中"用新头像替换所有头像"复选框。

9 单击"确定"按钮，如图 8-50 所示。

◐ 图 8-50

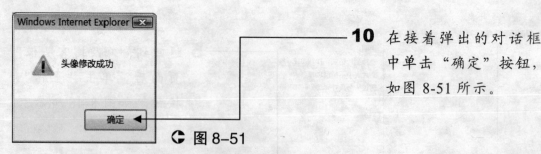

10 在接着弹出的对话框中单击"确定"按钮，如图 8-51 所示。

○ 图 8-51

11 返回我的博客页面后，刷新该页面即可看到刚才设置的头像了，如图 8-52 所示。

○ 图 8-52

4. 撰写博文

登录自己的新浪博客后，即可进行博文的撰写了，具体操作步骤如下。

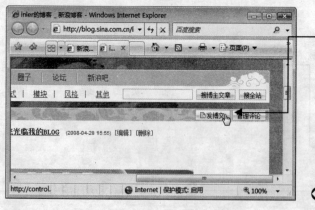

1 在我的博客首页单击页面右上方的"发博文"按钮，如图 8-53 所示。

○ 图 8-53

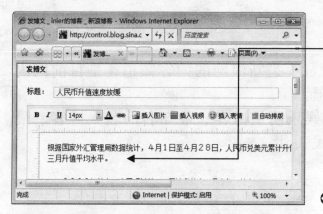

2 在弹出的页面中输入博文标题和内容，如图 8-54 所示。

◯ 图 8-54

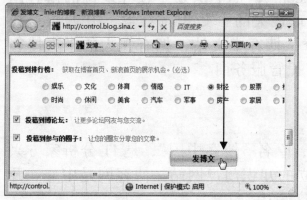

3 设置完成后，拖动滚动条到页面下方，然后单击"发博文"按钮，如图 8-55 所示。

◯ 图 8-55

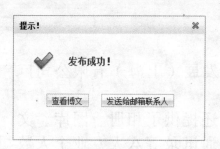

4 在稍后弹出的"提示"对话框中提示发布成功，如图 8-56 所示。

◯ 图 8-56

小提示：在"提示"对话框中单击"查看博文"按钮即可查看刚刚发布的博文。

8.4.4　常见博客网址

　　目前，国内提供博客服务的网站数不胜数，下面介绍一些人气较旺的博客网站。

1. 新浪 Blog

　　新浪 Blog（blog.sina.com.cn）是新浪网的博客频道，是目前国内最主流、最具人气的博客频道。

　　新浪 Blog 拥有最耀眼的娱乐明星博客、最知名的名人博客、最动人的情感博客等，深受网民关注。

2. 中国博客网

　　中国博客网（www.blogcn.com），是中国处于领导地位的博客网站和博客趋势的引导者，是全球最大的中文 Blog 社群、中文 Blog 托管服务商、中文博客搜索引擎、博客中文站，拥有强大的中文博客系统，是第一家免费中文博客托管服务商。

3. 博客网

　　博客网（www.bokee.com），原名"博客中国"，是 IT 分析家方兴东先生于 2002 年 8 月发起成立的知识门户网站。博客网是中立、开放和人性化的精选信息资源共享平台。

4. 51.com

　　51（www.51.com）是由升东网络科技发展（上海）有限公司巨资打造，基于个人家园的社交网络平台。

　　除了集成强大的博客功能外，该平台还提供了相册、图库、文集、日记、音乐盒、记事本、收藏夹以及通讯录等八大专业个人数据存储功能，为年轻人群提供了一个相互交流、参与和展示自我的最佳互动空间。

8.5　活学活用——开通属于自己的博客

　　本章主要介绍了如何在网上欣赏诗歌，如何使用论坛、聊天室以及博客等功能，让老年朋友的网络生活更加多姿多彩。下面就运用所学知识开通属于自己的博客。

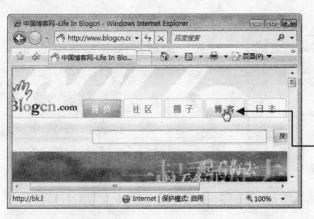

● 图 8-57

1 通过 IE 浏览器打开中国博客网（http://www.blogcn.com）。

2 单击导航栏中的"博客"按钮，如图 8-57 所示。

● 图 8-58

3 在打开的"博客"页面顶部单击"注册"链接，如图 8-58 所示。

● 图 8-59

4 在接着打开的"新用户注册"页面中填写注册信息及验证码。

5 填写完成后单击"完成注册"按钮，如图 8-59 所示。

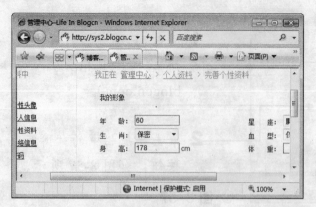

6 在接下来打开的页面中会提示博客开通成功。

7 稍后会自动转到"管理中心"页面，在其中完善个人资料，如图 8-60 所示。

🔁 图 8-60

8 填写完成后，单击"保存"按钮，如图 8-61 所示。

🔁 图 8-61

9 在接着弹出的"系统提示"对话框中单击"确定"按钮，如图 8-62 所示。

🔁 图 8-62

10 在当前页面的左侧，单击"更换个性头像"链接。

11 在右侧的"更换个性头像"页面中单击"浏览"按钮，如图 8-63 所示。

🔁 图 8-63

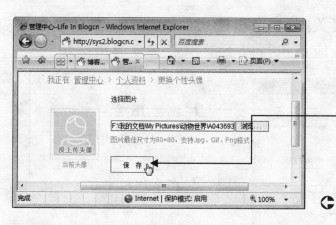

图 8-64

12 在打开的"选择文件"窗口中选择合适的图片。

13 返回到"更换个性头像"页面后，单击"保存"按钮，如图 8-64 所示。

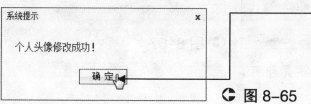

图 8-65

14 在接下来弹出的"系统提示"对话框中单击"确定"按钮，如图 8-65 所示。

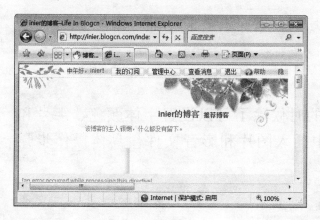

图 8-66

15 在 IE 中打开网址 "inier.blogcn.com"，即可访问自己的博客了，如图 8-66 所示。

8.6　疑难解答

：明明，你张爷爷的论坛账号被盗了，这论坛账号也太不安全了吧。有没有什么方法可以防止账号被盗呢？

：爷爷，这个估计是由于张爷爷在公共场所上网时登录过论坛，并且在离开论坛时直接关闭 IE 退出论坛而造成的。其实通过这种方法退出论坛很不安全，应该执行以下操作来安全退出论坛。

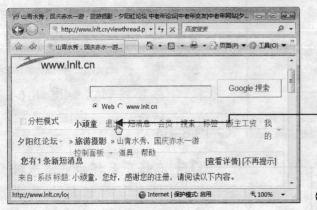

1 拖动 IE 窗口中的垂直滚动条到窗口顶部。

2 在导航栏中单击"退出"按钮，如图 8-67 所示。

◐ 图 8-67

3 关闭 IE 浏览器窗口或当前标签页即可。

：明明，爷爷在逛论坛时，看见有些帖子带了很多图片，他们是怎么贴上去的呢？

：爷爷，在发表帖子的时候除了可以设置字体颜色、字号和表情图标外，还可以在正文中插入图片和影音文件，具体操作步骤如下。

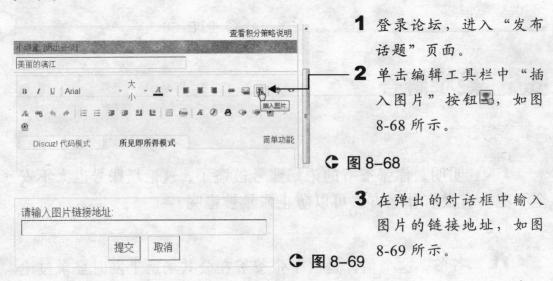

1 登录论坛，进入"发布话题"页面。

2 单击编辑工具栏中"插入图片"按钮，如图 8-68 所示。

◐ 图 8-68

3 在弹出的对话框中输入图片的链接地址，如图 8-69 所示。

◐ 图 8-69

小提示：这里添加的图片链接地址必须是因特网中的图片地址，例如网页中的图片都有自己的链接地址。

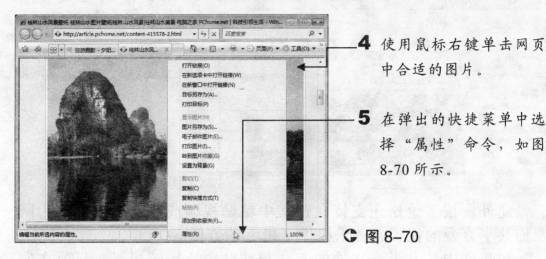

4 使用鼠标右键单击网页中合适的图片。

5 在弹出的快捷菜单中选择"属性"命令，如图 8-70 所示。

◐ 图 8-70

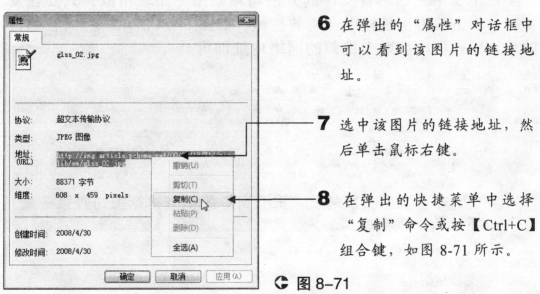

6 在弹出的"属性"对话框中可以看到该图片的链接地址。

7 选中该图片的链接地址，然后单击鼠标右键。

8 在弹出的快捷菜单中选择"复制"命令或按【Ctrl+C】组合键，如图 8-71 所示。

◐ 图 8-71

◑ 图 8-72

9 切换到发帖页面，按【Ctrl+V】组合键将图片的链接地址粘贴到要求输入图片地址的文本框中，如图 8-72 所示。

10 稍后该图片就会被添加到帖子的正文中了，如图 8-73 所示。

11 重复以上方法，添加其他图片即可。

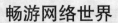 图 8-73

此外，很多论坛还支持在正文中粘贴视频或声音文件，这为网友们共享喜爱的视频或音乐提供了极大的方便。

在正文中粘贴影音文件的方法与粘贴图片比较相似，只要在发帖时，单击编辑工具栏中合适的按钮，如图 8-74 所示。然后在弹出的地址输入框中粘贴上视频的网络地址即可。

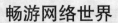 图 8-74

 小提示：在"我乐网"、"土豆网"等视频网站上的视频一般都提供了网络地址。

第9章
网络时尚直通车

本章热点：

★ 个人网上银行
★ 网上买基金
★ 网上炒股
★ 网上购物

明明，因特网真是无所不能。听你张爷爷说还能在网上炒股票、买卖东西啊！

是啊，您说的这些在网上都能实现，下面就给您介绍介绍具体的操作方法吧。

9.1 个人网上银行

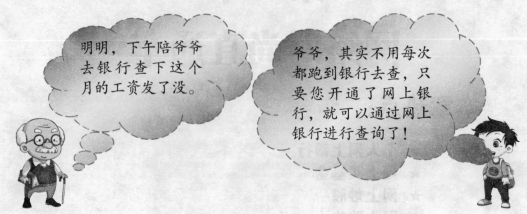

明明，下午陪爷爷去银行查下这个月的工资发了没。

爷爷，其实不用每次都跑到银行去查，只要您开通了网上银行，就可以通过网上银行进行查询了！

　　随着电子商务的发展，各大银行都开始提供网上银行服务。用户通过网上银行同样可以进行账户余额查询和付款等操作。

9.1.1　什么是网上银行 ||||

　　网上银行也叫网络银行或在线银行，是银行在因特网上提供的虚拟银行柜台，通过它可以开户、销户、查询、对账、转账、信贷、炒股、买卖基金等，用户足不出户就能安全便捷地管理自己的银行账户。

　　网上银行作为现代电子商务的支付中介，其作用举足轻重。不论用户是在线购物，还是进行其他网上交易，都需要通过网上银行来进行资金的支付和结算。

9.1.2　开通个人网上银行 ||||

　　在使用网上银行之前，应先开通网上银行。开通网上银行的操作非常简单，只要到相应的银行网站开通个人网上银行即可，这里以开通中国工商银行（www.icbc.com.cn）的网上银行为例进行介绍。

　　小提示：单击"安装"链接，可以在打开的页面中下载个人网上银行的相关软件和系统补丁，以便提高使用网上银行的安全性。

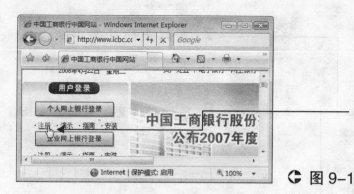

◑ 图 9-1

1 通过 IE 打开中国工商银行网站（www.icbc .com.cn）。

2 在"用户登录"栏中单击"个人网上银行登录"按钮下方的"注册"链接，如图 9-1 所示。

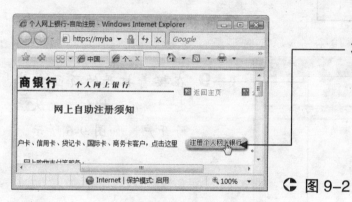

◑ 图 9-2

3 在打开的页面中仔细阅读"网上自助注册须知"，然后单击"注册个人网上银行"按钮，如图 9-2 所示。

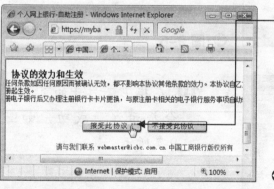

◑ 图 9-3

4 在接着打开的页面中仔细阅读"中国工商银行电子银行个人客户服务协议"，然后单击"接受此协议"按钮，如图 9-3 所示。

◑ 图 9-4

5 在打开的页面中输入需要注册的银行卡卡号。

6 单击"提交"按钮，如图 9-4 所示。

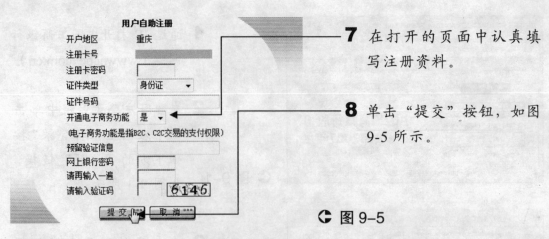

7 在打开的页面中认真填写注册资料。

8 单击"提交"按钮,如图9-5所示。

⊙ 图9-5

9 在接着打开的页面中单击"确定"按钮,确认注册开户,如图9-6所示。

⊙ 图9-6

10 在接下来打开的页面中会提示注册成功,如图9-7所示。

⊙ 图9-7

　　至此,就成功开通了中国工商银行的个人网上银行业务。

　　不同银行的开通方法不同,但操作方法大同小异。下面列举了目前国内一些银行的网站地址。

★　中国银行：http://www.boc.cn

★　中国工商银行：http://www.icbc.com.cn

★　中国建设银行：http://www.ccb.com

★　中国农业银行：http://www.95599.cn

★　招商银行：http://www.cmbchina.com

★　交通银行：http://www.95559.com.cn

9.1.3　登录个人网上银行

在使用网上银行进行账户余额查询、网上支付等操作之前，应该先登录网上银行，具体操作步骤如下。

1 通过 IE 打开中国工商银行网站（www.icbc.com.cn）。

2 在"用户登录"栏中单击"个人网上银行登录"按钮，如图 9-8 所示。

⌛ 图 9-8

3 在打开的页面中单击"登录"按钮，如图 9-9 所示。

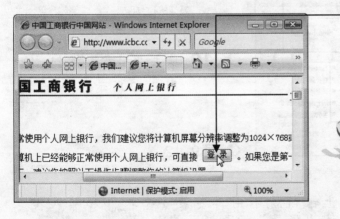

小提示：如果是第一次使用个人网上银行，请仔细阅读该页面中的内容，然后根据自己的需求执行相应的操作。

⌛ 图 9-9

4 在接着打开的页面中提示安装网上银行安全控件,单击工具栏下的提示框。

5 在弹出的下拉菜单中选择"安装 ActiveX 控件"命令,如图 9-10 所示。

☾ 图 9-10

6 弹出"用户账户控制"对话框后,单击"继续"按钮。

7 在接着弹出的对话框中,单击"安装"按钮,如图 9-11 所示。

☾ 图 9-11

8 接着在工具栏下再次单击提示框,在弹出的下拉菜单中选择"安装 ActiveX 控件"命令,以安装输入控制模块。

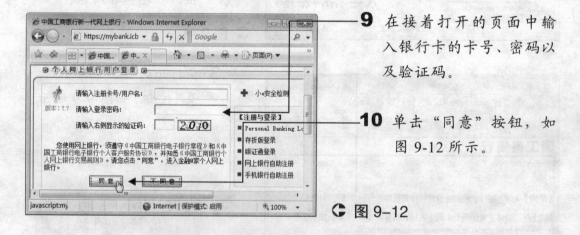

9 在接着打开的页面中输入银行卡的卡号、密码以及验证码。

10 单击"同意"按钮,如图 9-12 所示。

☾ 图 9-12

 小提示:下次登录网上银行就不用再安装安全控件和输入控制模块了,而是在单击"登录"按钮后,直接进入登录界面。

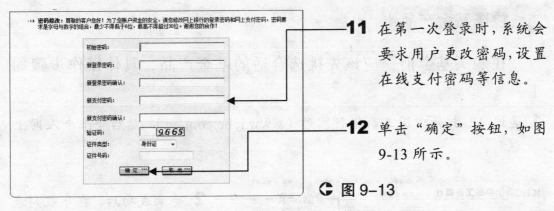

11 在第一次登录时，系统会要求用户更改密码，设置在线支付密码等信息。

12 单击"确定"按钮，如图 9-13 所示。

◐ 图 9-13

13 在接下来打开的页面中提示密码修改成功，此时单击"返回"按钮并重新登录即可。

9.2　网上买基金

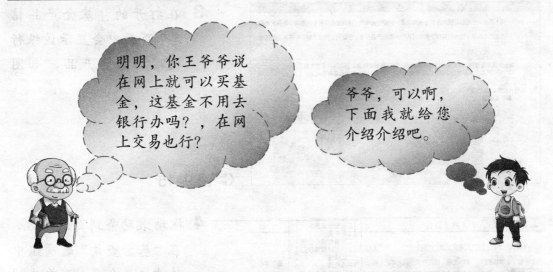

明明，你王爷爷说在网上就可以买基金，这基金不用去银行办吗？，在网上交易也行？

爷爷，可以啊，下面我就给您介绍介绍吧。

小知识：基金是指通过基金发行单位将投资者分散的资金集中起来，交由专业的托管人和管理人进行托管，投资于债券、股票、货币以及实业等领域，以尽量小的风险获取收益，从而使资本得到增值。

9.2.1　网上购买基金

在网上购买基金的操作非常简单，首先需要登录网上银行，然后选择合适的基金产品，并进行购买。

1. 挑选基金产品

在购买基金前，应该先挑选合适的基金产品，具体操作步骤如下。

1 通过 IE 打开中国工商银行网站（www.icbc.com.cn），然后登录个人网上银行。

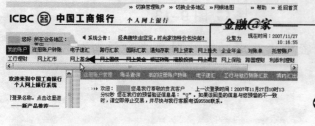

2 登录成功后，在导航列表中单击"网上基金"链接，如图 9-14 所示。

➡ 图 9-14

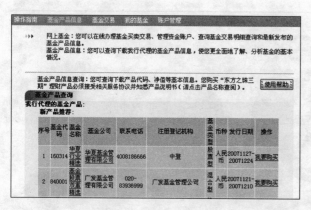

3 在打开的"基金产品信息"页面中会显示该银行代理的基金产品，如图 9-15 所示。

➡ 图 9-15

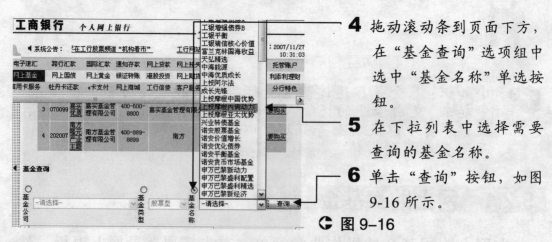

4 拖动滚动条到页面下方，在"基金查询"选项组中选中"基金名称"单选按钮。

5 在下拉列表中选择需要查询的基金名称。

6 单击"查询"按钮，如图 9-16 所示。

➡ 图 9-16

7 在接下来打开的页面中就可以看到该基金的相关信息了。

2. 购买合适的基金

选择好合适的基金产品后，就可以购买基金了，具体操作步骤如下。

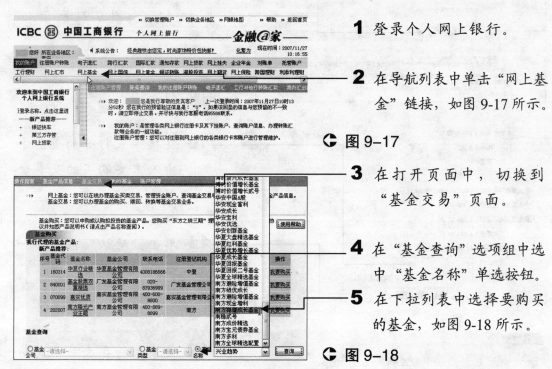

1 登录个人网上银行。

2 在导航列表中单击"网上基金"链接，如图 9-17 所示。

◐ 图 9-17

3 在打开页面中，切换到"基金交易"页面。

4 在"基金查询"选项组中选中"基金名称"单选按钮。

5 在下拉列表中选择要购买的基金，如图 9-18 所示。

◐ 图 9-18

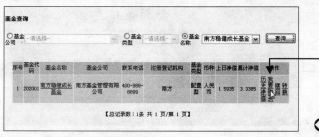

6 在打开的页面下方会显示该基金的相关信息。

7 单击"操作"列表中的"我要购买"链接，如图 9-19 所示。

◐ 图 9-19

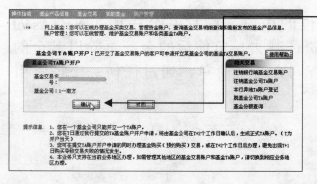

8 在接着出现的"账户管理"界面中，确认基金交易卡号无误后，单击"确认"按钮，如图 9-20 所示。

◐ 图 9-20

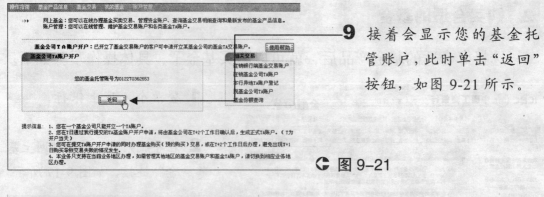

9 接着会显示您的基金托管账户，此时单击"返回"按钮，如图9-21所示。

↻ 图9-21

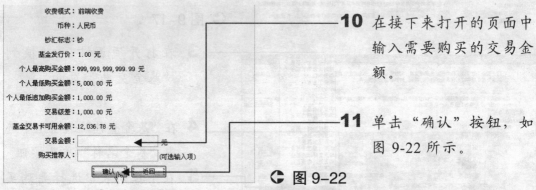

10 在接下来打开的页面中输入需要购买的交易金额。

11 单击"确认"按钮，如图9-22所示。

↻ 图9-22

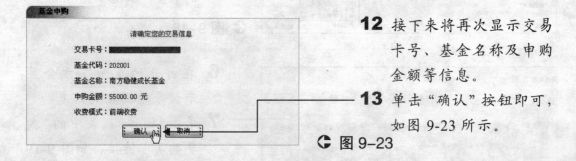

12 接下来将再次显示交易卡号、基金名称及申购金额等信息。

13 单击"确认"按钮即可，如图9-23所示。

↻ 图9-23

9.2.2 查询基金净值 ▮▮▮▮

基金净值即每份基金单位的净值，简称基金净值（Net Asset Value，NAV），等于基金的总资产减去总负债后的余额再除以基金的单位份额总数。基金净值的查询方法很简单，通过任何一个搜索引擎都可以搜索到。

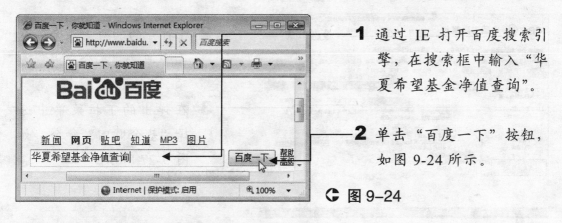

1 通过 IE 打开百度搜索引擎，在搜索框中输入"华夏希望基金净值查询"。

2 单击"百度一下"按钮，如图 9-24 所示。

◑ 图 9-24

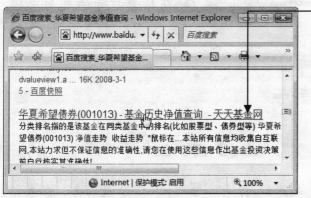

3 在接着打开的页面中会显示搜索结果，在其中单击合适的链接，如图 9-25 所示。

◑ 图 9-25

4 在接下来打开的页面中就可以看到所选基金的历史净值了，如图 9-26 所示。

◑ 图 9-26

9.2.3　如何赎回基金

　　当用户需要改变投资目标或急需用钱时，可以将已经购买的基金赎回，具体操作步骤如下。

1 登录中国工商银行网上银行，单击导航列表中的"网上基金"链接。

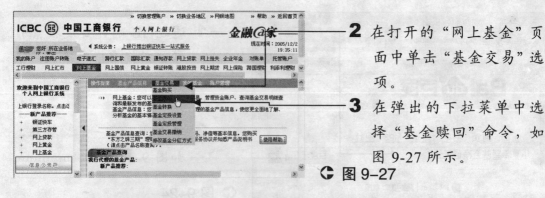

2 在打开的"网上基金"页面中单击"基金交易"选项。

3 在弹出的下拉菜单中选择"基金赎回"命令，如图 9-27 所示。

◐ 图 9-27

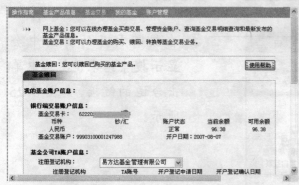

4 在接着打开的页面中将显示用户的基金账户信息，如图 9-28 所示。

◐ 图 9-28

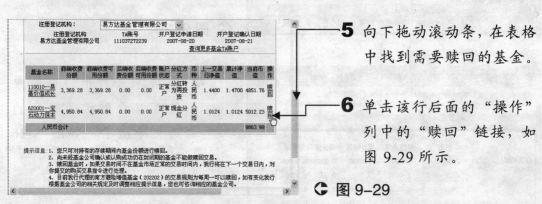

5 向下拖动滚动条，在表格中找到需要赎回的基金。

6 单击该行后面的"操作"列中的"赎回"链接，如图 9-29 所示。

◐ 图 9-29

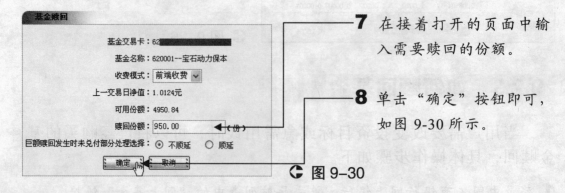

7 在接着打开的页面中输入需要赎回的份额。

8 单击"确定"按钮即可，如图 9-30 所示。

◐ 图 9-30

9.3　网上炒股

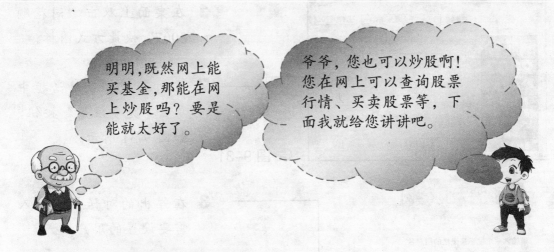

明明,既然网上能买基金,那能在网上炒股吗? 要是能就太好了。

爷爷,您也可以炒股啊! 您在网上可以查询股票行情、买卖股票等,下面我就给您讲讲吧。

9.3.1　常用分析软件

在网上炒股,由于没有像股票交易所那样的显示牌,所以应先选择一款股票分析软件,通过它来了解当前的股市行情。目前常见的股票分析软件有"同花顺"和"大智慧"等。

★　"同花顺"是一款非常优秀的股票分析软件,其数据处理速度非常快,操作界面友好,倍受股民的好评。在使用该软件前,需要先注册一个免费账号,然后通过该账号登录软件。

★　"大智慧"是网上炒股使用最广泛的股票分析软件之一,它能够完全模拟股票交易所的行情走势图,让用户足不出户就可以了解到当前的股票行情。该软件功能齐全,且非常容易上手。

9.3.2　分析股市行情

选择好股票分析软件后就可以使用该软件来分析股市行情了,这里以"同花顺"股票分析软件为例进行介绍。

1. 注册"同花顺"账号

在使用"同花顺"股票分析软件之前,需要先注册免费的"同花顺"账号，具体操作步骤如下。

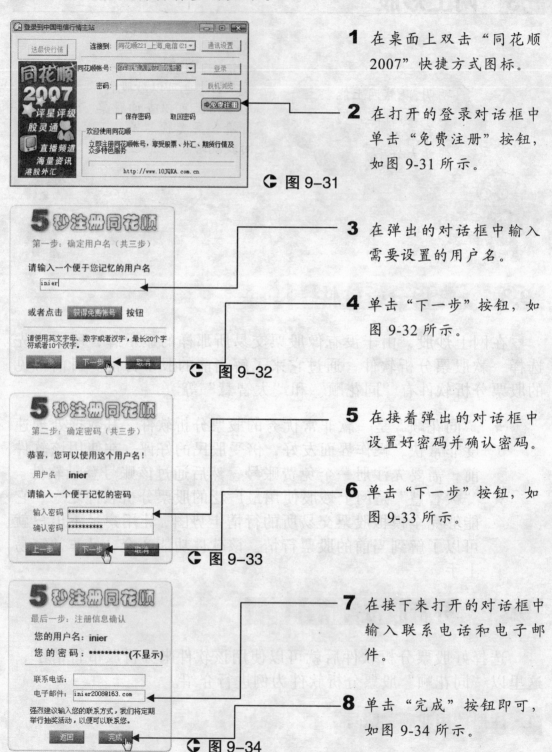

1 在桌面上双击"同花顺 2007"快捷方式图标。

2 在打开的登录对话框中单击"免费注册"按钮，如图 9-31 所示。

◐ 图 9-31

3 在弹出的对话框中输入需要设置的用户名。

4 单击"下一步"按钮，如图 9-32 所示。

◐ 图 9-32

5 在接着弹出的对话框中设置好密码并确认密码。

6 单击"下一步"按钮，如图 9-33 所示。

◐ 图 9-33

7 在接下来打开的对话框中输入联系电话和电子邮件。

8 单击"完成"按钮即可，如图 9-34 所示。

◐ 图 9-34

2. 登录"同花顺"软件

执行以上操作后，会接着弹出"登录到中国电信行情主站"对话框，此时在其中选择合适的行情站点，然后单击"确定"按钮即可登录，如图 9-35 所示。

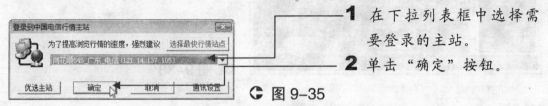

1 在下拉列表框中选择需要登录的主站。

2 单击"确定"按钮。

◆ 图 9-35

在以后需要登录软件时，只需在登录对话框中输入用户名和密码，然后单击"登录"按钮即可，如图 9-36 所示。

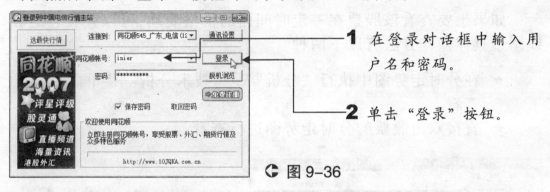

1 在登录对话框中输入用户名和密码。

2 单击"登录"按钮。

◆ 图 9-36

3. 了解指定股票的行情

登录"同花顺"股票分析软件后，在其中输入指定的股票代码即可了解该股票的行情了，具体操作步骤如下。

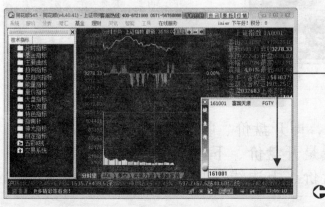

1 登录成功后，选中软件的主界面。

2 直接输入需要查询的股票代码，如图 9-37 所示。

3 输入完成后按【Enter】键。

◆ 图 9-37

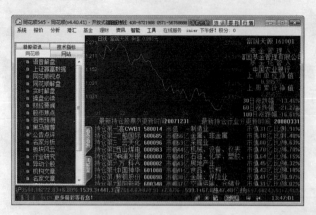

4 在接着出现的界面中就可以看到该支股票当天的走势图了，如图9-38所示。

 图 9-38

小提示：在该界面中不仅能看到这支股票当天的走势图，还能看到该股票的最新价格、开盘价格以及涨跌状态等信息。

如果想要查看该股票在一定时间内的价格变动，可以查看它的K线图，具体操作方法有以下两种。

★ 在分时走势图中执行"分析"→"技术分析"菜单命令进行查看。

★ 直接双击股票的分时走势图进行查看。

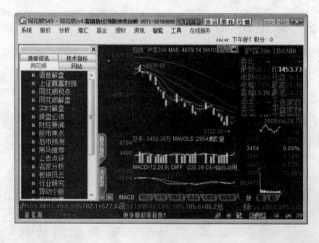

 小知识：K线图是一种股市中经常用来表示一定时间内股价变动的坐标图，它由实体（长方形）和上影线（实体上的各色细线）和下影线组成。一般有日K线、周K线及月K线等，但通常是指日K线，如图9-39所示。

图 9-39

K线一般表示4个价格，即开盘价、收盘价、最高价和最低价。当为阴线时，实体的上边线是开盘价、下边线是收盘价；而当为阳线时，实体的下边线是开盘价、上边线是收盘价。上影线的顶点代表最高价，下影线的顶点代表最低价。

4. 获取全面的股票信息

　　当然只通过股票的分时走势图或 K 线图是无法知道该股票的详细信息的，如果需要查看该股票的详细信息，则可以在查看分时走势图或 K 线图时，按【F10】键进入该股票的信息查询界面，如图 9-40 所示。

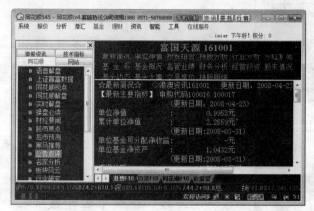

◐ 图 9-40

　　在信息查询界面中单击导航列表中的链接，即可查看相应的信息，这里列举几个常用的导航链接。

★ 单击"公司概况"链接，可查看该公司的基本资料、发行上市以及关联企业等信息。

★ 单击"财务分析"链接，可查看该公司的资产与负债、现金流量以及财务风险综合指数预警等信息。

★ 单击"经营分析"链接，可查看该公司的主营构成、经营投资以及关联企业经营状况等信息。

★ 单击"分红控股"链接，可查看该公司的分红年度、分红方案、每股收益以及融资回报等信息。

9.3.3　网上交易股票 ||||

　　了解了相关的股票行情后，如果需要购买股票，可以通过证券公司的网上交易系统进行交易。这里以"西南证券"为例进行介绍。

1. 登录网上交易系统

首先需要登录证券公司的网上交易系统，具体操作步骤如下。

1 使用 IE 浏览器打开"西南证券"网站（http://www.swsc.com.cn）。

● 图9-41

2 将鼠标指向导航栏中的"网上交易"选项。

3 在展开的子菜单中单击"在线交易"链接，如图9-41所示。

● 图9-42

4 在打开的"西南证券 WEB交易"界面中选择网络运营商，如图9-42所示。

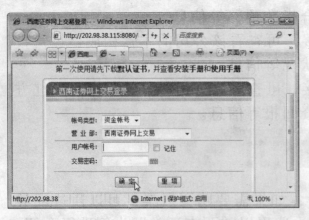

● 图9-43

5 在接着打开的"西南证券网上交易登录"页面中，选择账户类型和营业部。

6 输入用户账号和交易密码。

7 单击"确定"按钮，如图9-43所示。

8 稍后就会进入西南证券的在线交易系统。

2. 购买股票

登录西南证券的在线交易系统后，就可以在其中购买需要的股票了，具体操作步骤如下。

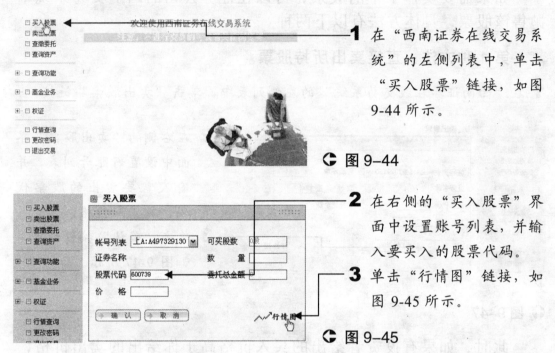

1 在"西南证券在线交易系统"的左侧列表中，单击"买入股票"链接，如图9-44所示。

◐ 图 9-44

2 在右侧的"买入股票"界面中设置账号列表，并输入要买入的股票代码。

3 单击"行情图"链接，如图 9-45 所示。

◐ 图 9-45

小提示：在"账号列表"框中有"上 A"和"深 A"两个选项，分别代表中国"上海"和"深圳"两大股票交易所。

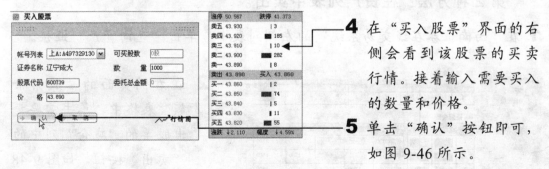

4 在"买入股票"界面的右侧会看到该股票的买卖行情。接着输入需要买入的数量和价格。

5 单击"确认"按钮即可，如图 9-46 所示。

◐ 图 9-46

此后，如果有投资者给出的卖出价格低于你给出的买入价格，则很快就能成功买入。否则需要等到有低于这个买入价格时才能交易成功。

3. 抛售手中的股票

如果需要卖掉手中的股票，可以在证券公司的网上交易系统中抛售该股票，具体方法有以下两种。

第 1 种方法：直接卖出所持股票。

1 在"西南证券在线交易系统"的左侧列表中，单击"卖出股票"链接。

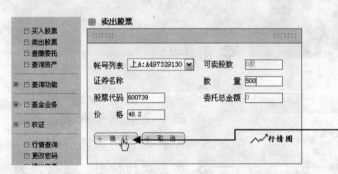

2 在右侧的"卖出股票"界面中设置好账号列表，并输入需要卖出的股票代码、数量和价格。

3 单击"确认"按钮即可，如图 9-47 所示。

⌘ 图 9-47

此时，如果有投资者给出的买入价格高于你给出的卖出价格，则很快就能成功卖出。否则需要等到有高于这个卖出价格时方能交易成功。

第 2 种方法：在资产列表中卖出。

1 在"西南证券在线交易系统"的左侧列表中，单击"查询资产"链接。

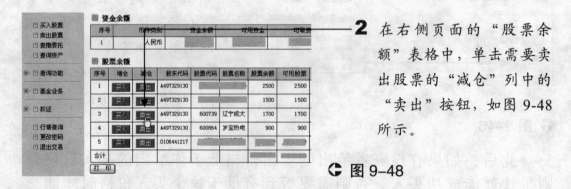

2 在右侧页面的"股票余额"表格中，单击需要卖出股票的"减仓"列中的"卖出"按钮，如图 9-48 所示。

⌘ 图 9-48

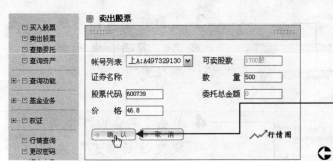

3 在右侧的"卖出股票"界面中输入需要卖出的数量和价格。

4 单击"确认"按钮即可，如图 9-49 所示。

◐ 图 9-49

9.4 网上购物

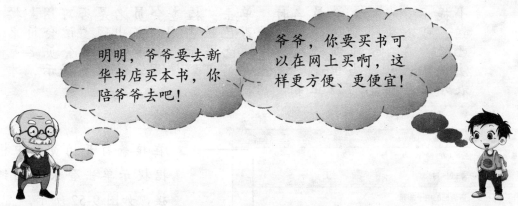

随着电子商务的飞速发展，网上购物逐渐成为人们生活中的一种新型购物方式，下面就跟随我一起去体验网上购物所带来的时尚和实惠吧。

9.4.1 成为淘宝会员

淘宝网是目前因特网上最大的中文网络购物平台，在使用淘宝网进行购物之前，应先成为淘宝会员。

1 通过 IE 浏览器打开淘宝网（www.taobao.com）。

2 单击导航列表上方的"免费注册"链接，如图 9-50所示。

◐ 图 9-50

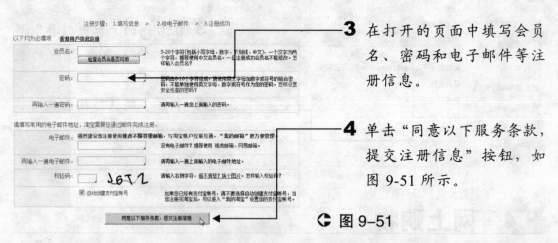

3 在打开的页面中填写会员名、密码和电子邮件等注册信息。

4 单击"同意以下服务条款，提交注册信息"按钮，如图9-51所示。

◖ 图9-51

 小提示：在输入会员名时，单击"检查会员名是否可用"按钮，可以快速确认会员名是否已被占用。若出现"该会员名已经存在，请重新输入"的红色提示，表示输入的会员名无法使用；只有当出现"该会员名可以使用"的绿色提示，才表示该会员名可以正常使用。

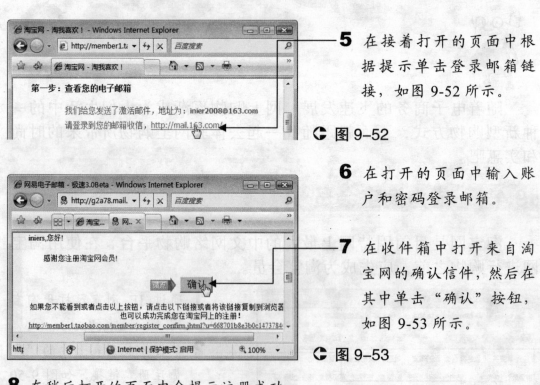

5 在接着打开的页面中根据提示单击登录邮箱链接，如图9-52所示。

◖ 图9-52

6 在打开的页面中输入账户和密码登录邮箱。

7 在收件箱中打开来自淘宝网的确认信件，然后在其中单击"确认"按钮，如图9-53所示。

◖ 图9-53

8 在稍后打开的页面中会提示注册成功。

9.4.2　成为支付宝会员 ▕▏▎▍

　　支付宝是淘宝网推出的网上安全支付工具，它可以在买家确认到货前，替买卖双方暂时保管货款，以保证买家在淘宝网上能够安全购物。

1. 开通支付宝账户

　　成功注册为淘宝会员的同时，淘宝系统会免费为用户分配支付宝账户（账户名为注册淘宝用的电子邮箱，密码为淘宝密码）。但此时的支付宝账户无法使用，想要使用支付宝进行交易，还需要开通支付宝。

1 通过 IE 浏览器打开支付宝首页（https://www.alipay.com）。

2 在工具栏下方会出现"支付宝网络安全控件"安装提示框，此时单击该提示框。

3 在弹出的下拉菜单中选择"安装 ActiveX 控件"命令，如图 9-54 所示。

◑ 图 9-54

4 在弹出的"用户账户控制"对话框中单击"继续"按钮。

5 在接着弹出的对话框中单击"安装"按钮，如图 9-55 所示。

◑ 图 9-55

6 在支付宝首页中，单击"个人用户"组中的"我的支付宝"链接。

畅游网络世界

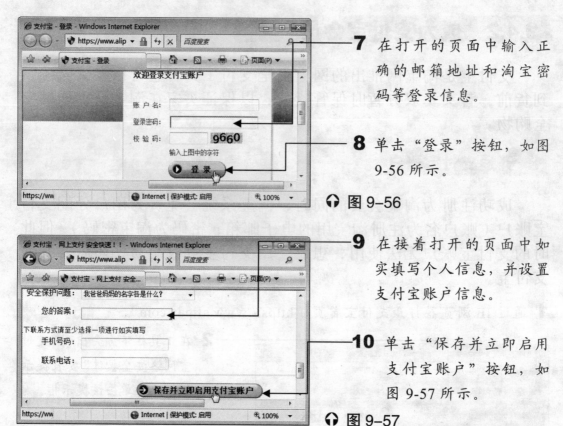

7 在打开的页面中输入正确的邮箱地址和淘宝密码等登录信息。

8 单击"登录"按钮，如图 9-56 所示。

⚡ 图 9-56

9 在接着打开的页面中如实填写个人信息，并设置支付宝账户信息。

10 单击"保存并立即启用支付宝账户"按钮，如图 9-57 所示。

⚡ 图 9-57

 小提示：在当前页面中可以对支付宝的登录密码进行设置。成功注册淘宝和支付宝后，必记住 3 个密码，分别是淘宝登录密码、支付宝登录密码以及支付宝支付密码。

11 在稍后弹出的对话框中会提示用户成功开通了支付宝账户。

2. 给支付宝账户充值

成功开通支付宝账户后，还需要给账户充值才能使用它进行网上交易，具体操作步骤如下。

222

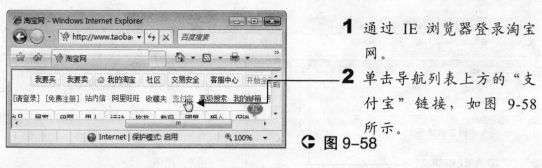

1 通过 IE 浏览器登录淘宝网。

2 单击导航列表上方的"支付宝"链接，如图 9-58所示。

◐ 图 9-58

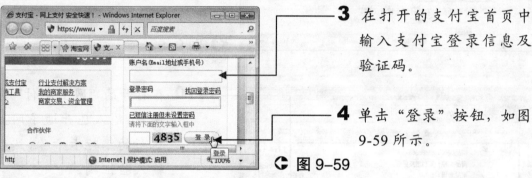

3 在打开的支付宝首页中输入支付宝登录信息及验证码。

4 单击"登录"按钮，如图9-59所示。

◐ 图 9-59

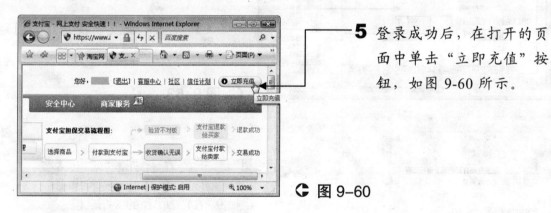

5 登录成功后，在打开的页面中单击"立即充值"按钮，如图 9-60 所示。

◐ 图 9-60

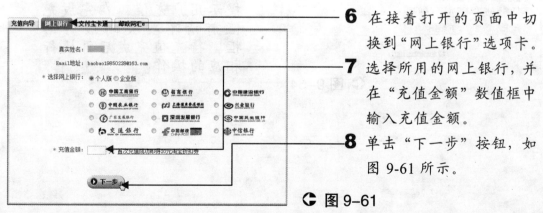

6 在接着打开的页面中切换到"网上银行"选项卡。

7 选择所用的网上银行，并在"充值金额"数值框中输入充值金额。

8 单击"下一步"按钮，如图 9-61 所示。

◐ 图 9-61

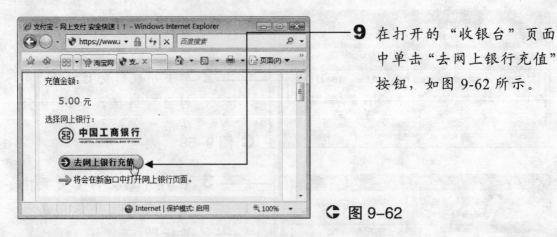

9 在打开的"收银台"页面中单击"去网上银行充值"按钮，如图 9-62 所示。

◐ 图 9-62

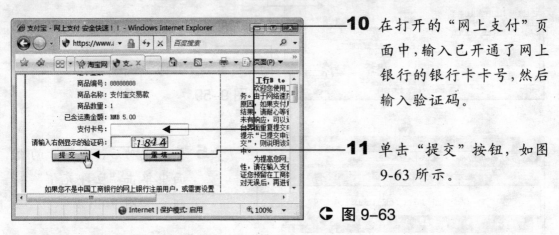

10 在打开的"网上支付"页面中，输入已开通了网上银行的银行卡卡号，然后输入验证码。

11 单击"提交"按钮，如图 9-63 所示。

◐ 图 9-63

◐ 图 9-64

小提示：在打开"网上支付"页面的同时会弹出如图 9-64 所示的对话框，提示用户充值，在完成充值前请不要关闭该对话框，待充值完成后再执行相应的操作。

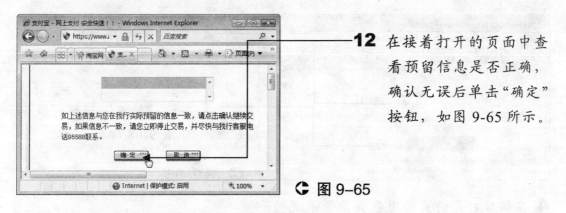

12 在接着打开的页面中查看预留信息是否正确，确认无误后单击"确定"按钮，如图 9-65 所示。

◐ 图 9-65

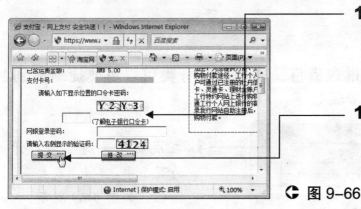

13 在接下来打开的页面中输入口令卡密码、网银登录密码以及验证码。

14 单击"提交"按钮即可，如图 9-66 所示。

◐ 图 9-66

9.4.3　逛逛网店

完成之前的操作后，就可以登录淘宝网去购物了，淘宝网上货品齐全，相信一定有你喜爱的宝贝。

1. 登录淘宝网

如果此时没有登录淘宝网，则需要执行以下操作进行登录。

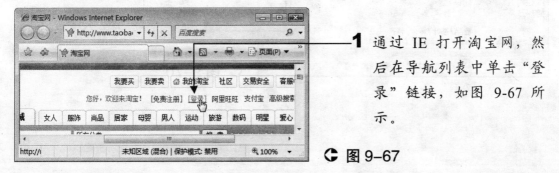

1 通过 IE 打开淘宝网，然后在导航列表中单击"登录"链接，如图 9-67 所示。

◐ 图 9-67

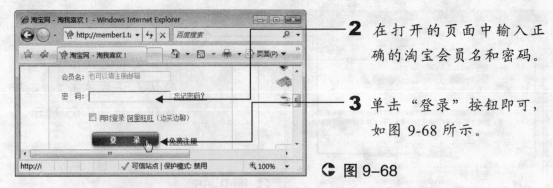

2 在打开的页面中输入正确的淘宝会员名和密码。

3 单击"登录"按钮即可，如图 9-68 所示。

○ 图 9-68

4 在稍后打开的页面中会提示登录成功。

2. 浏览感兴趣的商品

淘宝网上的的商品琳琅满目，通过商品分类可以更便捷地淘到需要的宝贝，具体操作步骤如下。

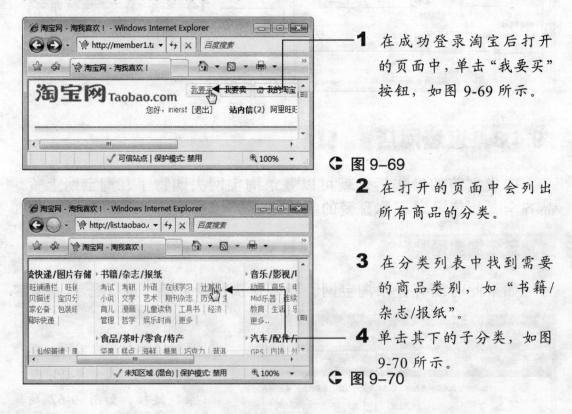

1 在成功登录淘宝后打开的页面中，单击"我要买"按钮，如图 9-69 所示。

○ 图 9-69

2 在打开的页面中会列出所有商品的分类。

3 在分类列表中找到需要的商品类别，如"书籍/杂志/报纸"。

4 单击其下的子分类，如图9-70 所示。

○ 图 9-70

5 在打开的页面中会列出
该子类中的所有商品。

6 单击相应的商品名称，即
可查看该商品的详情，如
图 9-71 所示。

◐ 图 9-71

3. 搜寻指定商品

　　如果用户知道商品的名称，可以直接通过淘宝网提供的站内搜
索引擎进行快速寻找，具体操作步骤如下。

1 在成功登录淘宝后打开的页面中，单击"我要买"按钮，打开商品分类页
面。

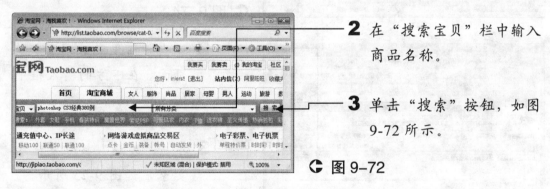

2 在"搜索宝贝"栏中输入
商品名称。

3 单击"搜索"按钮，如图
9-72 所示。

◐ 图 9-72

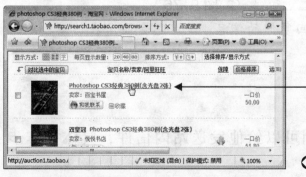

4 在打开的页面中会列出
搜索到的所有商品。

5 单击相应的商品名称，即
可查看该商品的详情，如
图 9-73 所示。

◐ 图 9-73

9.4.4 讨价还价

在进行网上购物的过程中，当买家找到喜爱的宝贝后，首先应与卖家进行沟通，以便了解产品的详情，并可以与之讨价还价。

1. 在线与卖家砍价

在找到宝贝后，可以通过阿里旺旺网页版与卖家进行联系，具体操作步骤如下。

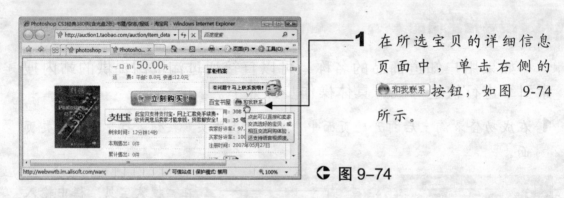

1 在所选宝贝的详细信息页面中，单击右侧的 和我联系 按钮，如图 9-74 所示。

◐ 图 9-74

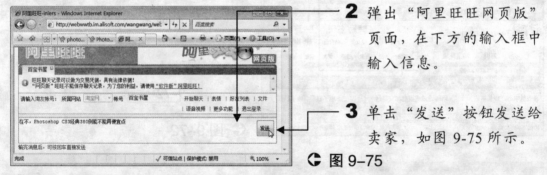

2 弹出"阿里旺旺网页版"页面，在下方的输入框中输入信息。

3 单击"发送"按钮发送给卖家，如图 9-75 所示。

◐ 图 9-75

4 卖家如果在线，看到信息后会回复你的信息，该信息会显示在信息输入框的上方。

2. 给卖家发离线消息

如果此时卖家不在线，则可以给他发送站内信件，具体操作步骤如下。

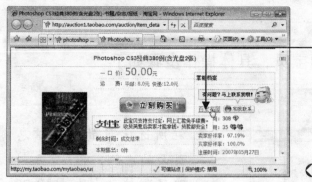

1 在所选宝贝的详细信息页面的右侧，单击商铺名称，如图 9-76 所示。

● 图 9-76

2 在弹出的"商铺信誉评价"页面中可以看到该商铺的信用度。

3 单击"个人信息"栏中的"发送信件"链接，如图 9-77 所示。

● 图 9-77

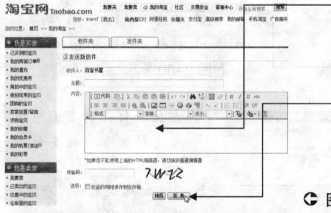

4 在打开的"发送新信件"页面中编辑邮件主题和正文。

5 输入验证码后，单击"发表"按钮即可将信件发给卖家，如图 9-78 所示。

● 图 9-78

小提示：如果需要查看卖家的回复，单击页面顶端的"站内信"链接即可。

9.4.5　购买商品 ▮▮▮▮

当用户与卖家谈好价格后，即可按照以下操作购买喜爱的宝贝了。

1. 购买指定宝贝

首先需要确认购买指定的宝贝，具体操作步骤如下。

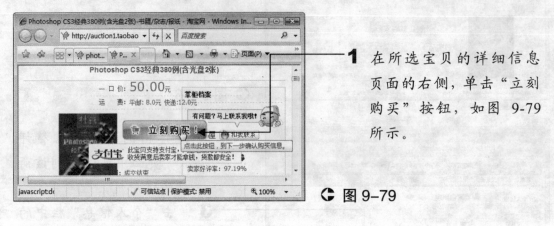

1 在所选宝贝的详细信息页面的右侧，单击"立刻购买"按钮，如图 9-79 所示。

◐ 图 9-79

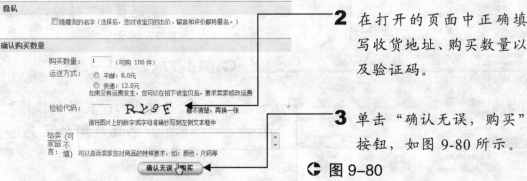

2 在打开的页面中正确填写收货地址、购买数量以及验证码。

3 单击"确认无误，购买"按钮，如图 9-80 所示。

◐ 图 9-80

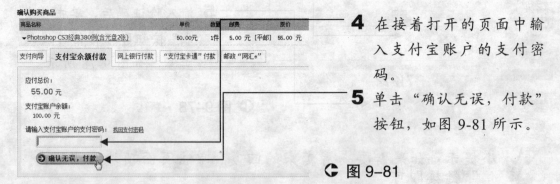

4 在接着打开的页面中输入支付宝账户的支付密码。

5 单击"确认无误，付款"按钮，如图 9-81 所示。

◐ 图 9-81

6 在接下来打开的页面中将提示用户付款成功。

2. 确认收货

当买家收到宝贝并确认商品没有质量等问题，就可以通过支付宝给卖家付款了，具体操作步骤如下。

1 通过 IE 登录淘宝网，然后在首页中单击"我的淘宝"链接。

2 稍后会进入"我的淘宝"页面。

3 在左侧"我是买家"栏中，单击"已买到的宝贝"链接，如图 9-82 所示。

◐ 图 9-82

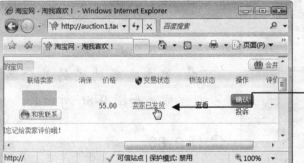

4 在页面右侧会显示最近购买的宝贝。

5 在其中单击"交易状态"栏中的"卖家已发货"链接，如图 9-83 所示。

◐ 图 9-83

6 在接着打开的页面中输入支付宝账户的支付密码。

7 单击"同意付款"按钮，如图 9-84 所示。

◐ 图 9-84

8 在接下来打开的页面中提示用户交易成功。

9.5　活学活用——在网上购买基金

本章主要对网上银行、使用网上银行购买基金和股票以及网上购物等知识进行了介绍，以帮助老年朋友更好地享受因特网带来的便利。这里就运用所学知识在网上购买基金。

1 通过 IE 进入中国工商银行网站，并登录个人网上银行。

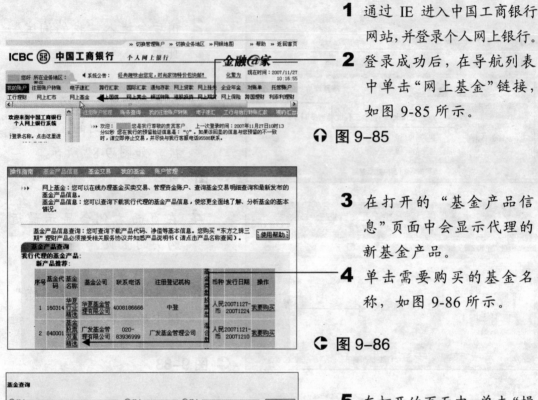

2 登录成功后，在导航列表中单击"网上基金"链接，如图 9-85 所示。

🎧 图 9-85

3 在打开的"基金产品信息"页面中会显示代理的新基金产品。

4 单击需要购买的基金名称，如图 9-86 所示。

🔄 图 9-86

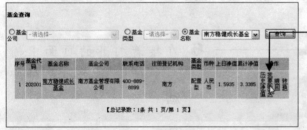

5 在打开的页面中，单击"操作"列中的"我要购买"链接，如图 9-87 所示。

🔄 图 9-87

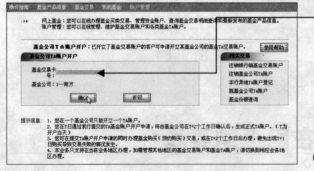

6 在接着出现的"账户管理"页面中确认基金交易卡号，如图 9-88 所示。

🔄 图 9-88

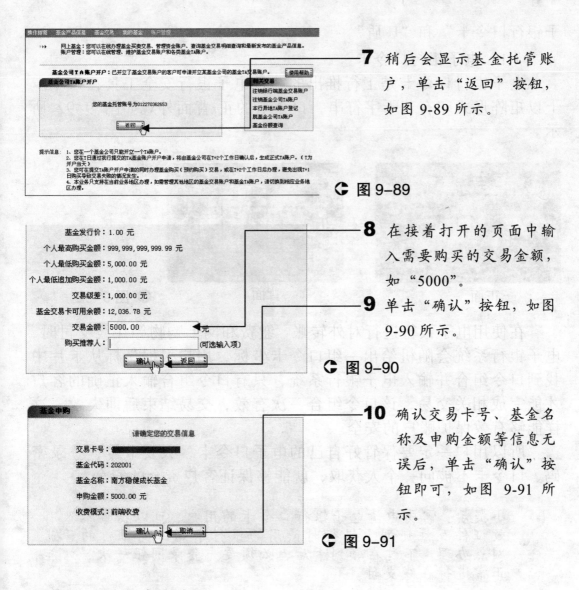

7 稍后会显示基金托管账户，单击"返回"按钮，如图 9-89 所示。

↻ 图 9-89

8 在接着打开的页面中输入需要购买的交易金额，如"5000"。

9 单击"确认"按钮，如图 9-90 所示。

↻ 图 9-90

10 确认交易卡号、基金名称及申购金额等信息无误后，单击"确认"按钮即可，如图 9-91 所示。

↻ 图 9-91

9.6　疑难解答

：明明，听说网上银行不安全，我该怎么防盗呢？

：爷爷，为了让客户享受到安全便捷的电子银行服务，各大银行都推出了各自的网上银行安全工具，例如中国工商银行的"电子银行口令卡"和"U 盾"。

（1）电子银行口令卡

电子银行口令卡是工行推出的一种电子银行安全工具，口令卡上以矩阵形式印有若干字符串，口令卡的正/背面外观如图 9-92 所示。

正面

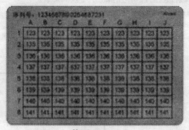
背面

⊙ 图 9-92

在使用电子银行进行对外转账、缴费和网上购物等在线支付时，电子银行系统会随机给出一组口令卡坐标，用户根据坐标从卡片中找到口令组合并输入电子银行系统，只有口令组合输入正确的客户才能完成相关交易，该口令组合一次有效，交易结束后即失效。这样能够有效保护账户的安全。

所以用户一定要保管好自己的电子口令卡，只要卡号、登录密码、口令卡不被同一个人获取，就能够保证客户资金的安全。

 小提示：需要申请电子银行口令卡的用户，可以携带本人有效证件及注册网上银行时使用的银行卡到工商银行的营业网点办理。不过在领到卡后，必须要先登录网银一次，才能正常进行在线支付。

（2）U 盾

U 盾是中国工商银行推出的获得了国家专利的客户证书（USBkey），其外形酷似 U 盘，它可以时刻保护用户的网上银行资金安全。工商银行的客户可以携带本人有效证件及注册网上银行时使用的银行卡到该行营业网点进行申请，申请完成后即可进行使用了。

 小提示：第一次使用个人网上银行，需先参照工行"个人网上银行系统设置指南"对电脑的设置进行调整。

：明明，爷爷开通了网上银行后，该怎么查余额呢？

：爷爷，您只要登录到银行网站，即可通过个人网上银行查询余额了，具体操作步骤如下。

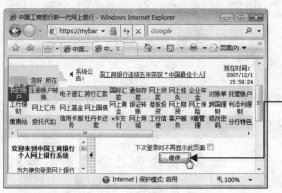

1 通过 IE 打开中国工商银行网站，然后进行账户登录。

2 成功登录到个人网上银行后，单击"继续"按钮，如图 9-93 所示。

◐ 图 9-93

3 在打开的页面中单击"查询余额"按钮，如图 9-94 所示。

◐ 图 9-94

4 在接着打开的页面中直接单击"查询"按钮，如图 9-95 所示。

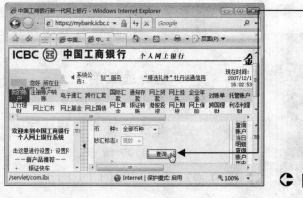

◐ 图 9-95

5 在接下来打开的页面中即可查看到该账户中的余额。

: 明明，爷爷每次使用"同花顺"软件查询股票时都需要输入代码，有点麻烦，有没有简单点的方法？

: 爷爷，您可以将经常关注的股票添加为自选股，以后"同花顺"软件的主界面中就只会显示这些自选股了，这样查询起来更方便，具体操作步骤如下。

1 在主界面中执行"工具"→"自选股设置"菜单命令，打开"自选股设置"对话框。

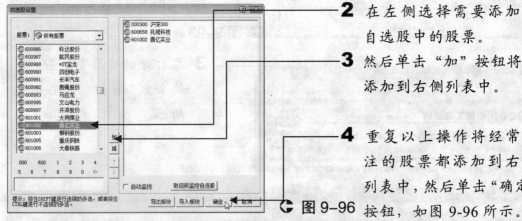

2 在左侧选择需要添加到自选股中的股票。

3 然后单击"加"按钮将其添加到右侧列表中。

4 重复以上操作将经常关注的股票都添加到右侧列表中，然后单击"确定"按钮，如图 9-96 所示。

图 9-96

小提示：在"自选股设置"对话框的列表框中选中该股票，然后单击"减"按钮后可以删除这支自选股。

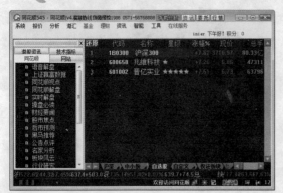

5 退出"同花顺"软件并再次登录，可以看到刚才添加的自选股票。

6 双击其中一支股票，即可查看该支股票的行情了，如图 9-97 所示。

图 9-97

第 10 章
休闲游戏玩不停

本章热点:

- ★ 认识 QQ 游戏
- ★ 如何下载 QQ 游戏大厅
- ★ 如何下中国象棋
- ★ 如何斗地主

明明,爷爷去公园找人下棋去了,你自己在家玩哈。

爷爷!您不用去公园了,在网上就可以下啊,我这就教您怎么在网上玩游戏。

10.1　什么是 QQ 游戏

　　QQ 游戏是腾讯公司推出的综合性休闲网络游戏平台，具有操作简单和游戏种类齐全等特点，深受网民的喜爱。并且由于其适合群体广，所以对于老年朋友而言，QQ 游戏是上网消遣的一种新方式。

　　QQ 游戏借助 QQ 庞大的用户群体，成为目前同时在线人数最多的游戏平台。斗地主、升级、象棋、围棋和麻将等时下最流行的棋牌游戏可以让用户体验到无穷的乐趣。

10.2　进入 QQ 游戏大厅

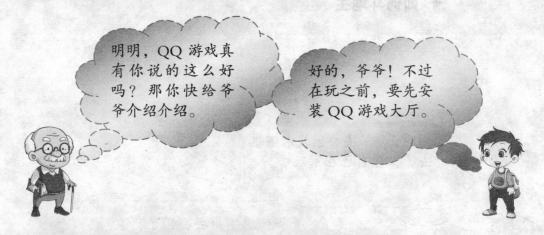

10.2.1　下载并安装 QQ 游戏大厅

　　首先需要登录腾讯 QQ 游戏的下载页面下载 QQ 游戏大厅，然后再进行安装，具体操作步骤如下。

1 通过 IE 浏览器打开 QQ 游戏的下载页面（http://qqgame.qq.com/download.shtml）。

2 根据采用的网络运营商选择下载方式，这里单击"电信下载 1"按钮（采用电信宽带），如图 10-1 所示。

◐ 图 10-1

3 弹出"文件下载-安全警告"对话框，单击"保存"按钮，如图 10-2 所示。

◐ 图 10-2

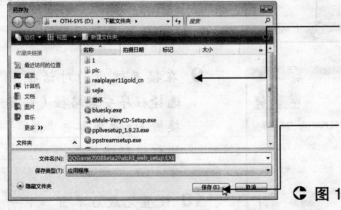

4 在弹出的"另存为"对话框中，选择文件保存目录。

5 单击"保存"按钮，如图 10-3 所示。

◐ 图 10-3

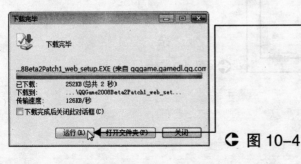

6 下载完成后单击"运行"按钮，运行安装程序，如图 10-4 所示。

◐ 图 10-4

7 在弹出的 QQ 游戏安装向导中，单击"下一步"按钮，如图 10-5 所示。

◯ 图 10-5

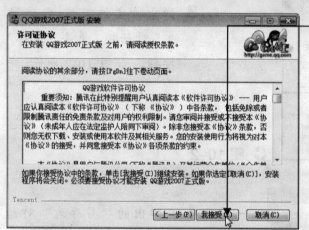

8 在弹出的对话框中认真阅读许可证协议，然后单击"我接受"按钮，如图 10-6 所示。

◯ 图 10-6

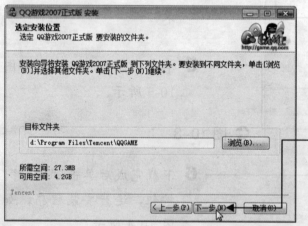

9 在接着弹出的对话框中选择程序安装路径（可直接输入，也可单击"浏览"按钮进行选择）。

10 设置完成后单击"下一步"按钮，如图 10-7 所示。

◯ 图 10-7

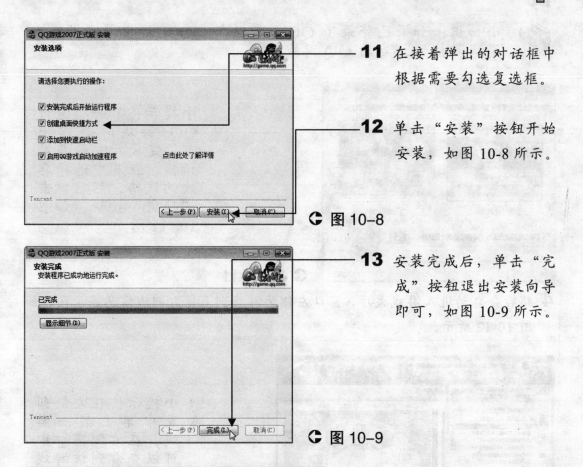

11 在接着弹出的对话框中根据需要勾选复选框。

12 单击"安装"按钮开始安装，如图 10-8 所示。

◐ 图 10-8

13 安装完成后，单击"完成"按钮退出安装向导即可，如图 10-9 所示。

◐ 图 10-9

10.2.2　登录 QQ 游戏大厅 ▏▏▏▏▏

　　QQ 游戏大厅安装完成后，就可以使用 QQ 号码登录游戏大厅了，具体操作步骤如下。

1 在桌面上双击"QQ 游戏"图标，启动 QQ 游戏登录程序。

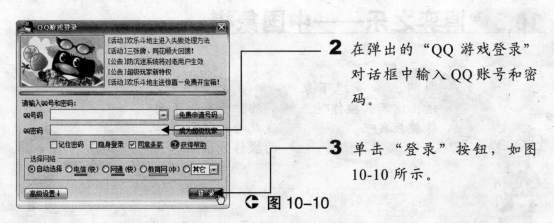

2 在弹出的"QQ 游戏登录"对话框中输入 QQ 账号和密码。

3 单击"登录"按钮，如图 10-10 所示。

◐ 图 10-10

小知识：如果已登录了 QQ，可以在 QQ 面板中单击"QQ游戏"按钮，启动 QQ 游戏大厅。

 小提示：第一次运行 QQ 游戏时会弹出"设定大厅皮肤"对话框，在其中选择喜欢的风格，然后单击"确定"按钮，如图 10-11 所示。

◖ 图 10-11

4 稍后会自动进入游戏大厅，窗口左侧为游戏列表，右侧为信息显示区，如图 10-12 所示。

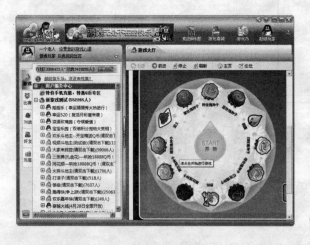

 小提示：在左侧列表中单击某一游戏，在右侧窗口中可以查看到该游戏的介绍。

◖ 图 10-12

10.3 博弈之乐——中国象棋

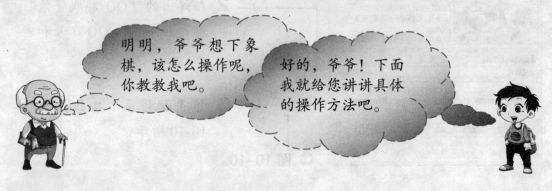

明明，爷爷想下象棋，该怎么操作呢，你教教我吧。

好的，爷爷！下面我就给您讲讲具体的操作方法吧。

很多老年朋友都喜欢下象棋，如果不能棋逢对手，很难过足棋瘾。学会在 QQ 游戏大厅中下象棋后，就能找寻合适的对手并与之过招，岂不快哉。

10.3.1　安装中国象棋

在开始玩游戏之前，需要先下载中国象棋的安装程序，并进行安装，具体操作步骤如下。

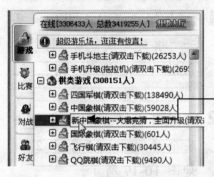

1 在 QQ 游戏大厅左侧的游戏列表中找到"棋类游戏"分支。

2 双击该分支下的"新中国象棋"子项，如图 10-13 所示。

◯ 图 10-13

 小知识：在 QQ 游戏大厅中第一次玩某个游戏，都需要下载并安装该游戏。

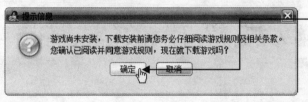

3 在弹出的"提示信息"对话框中单击"确定"按钮，如图 10-14 所示。

◯ 图 10-14

4 在弹出的"QQ 游戏更新"对话框中会自动进行下载，如图 10-15 所示。

◯ 图 10-15

5 下载完成后会弹出"用户账户控制"对话框，在其中单击"继续"按钮后开始自动安装游戏。

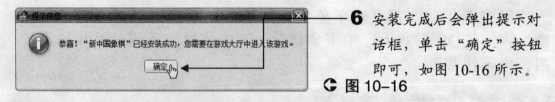

6 安装完成后会弹出提示对话框，单击"确定"按钮即可，如图 10-16 所示。

◑ 图 10-16

10.3.2 选择对手

在下象棋之前需要选择合适的对手，具体操作步骤如下。

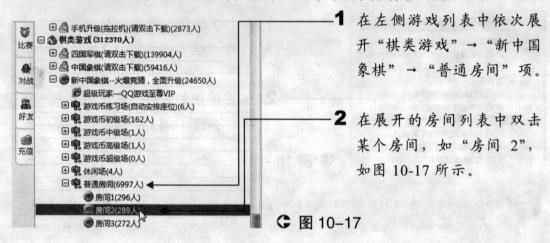

1 在左侧游戏列表中依次展开"棋类游戏"→"新中国象棋"→"普通房间"项。

2 在展开的房间列表中双击某个房间，如"房间 2"，如图 10-17 所示。

◑ 图 10-17

 小知识：在选择房间时，一定要选择未满员的房间，以便能顺利加入。如房间 2（289 人），该房间号后的人数不大于 350 时表示未满。

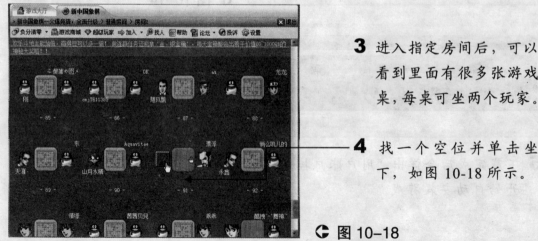

3 进入指定房间后，可以看到里面有很多张游戏桌，每桌可坐两个玩家。

4 找一个空位并单击坐下，如图 10-18 所示。

◑ 图 10-18

10.3.3　开始游戏

选择好对手后就可以进行游戏了，具体操作步骤如下。

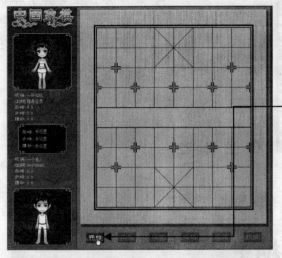

1 弹出游戏窗口并运行游戏。

2 单击棋盘下方的"开始"按钮准备游戏，如图 10-19 所示。

◐ 图 10-19

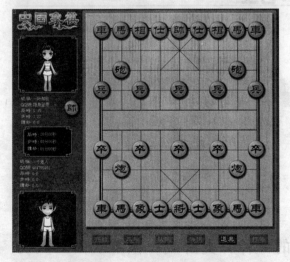

3 双方都准备就绪后，棋盘会自动摆放好棋子，计时器开始计时，如图 10-20 所示。

◐ 图 10-20

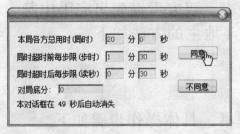

◐ 图 10-21

小提示：如果对方需要设置时间，则会弹出提示对话框，单击"同意"按钮即可开始游戏，如图 10-21 所示。

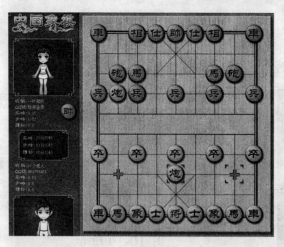

4 当轮到自己走棋时，先单击要移动的棋子，再单击目标位置，棋子即可被移动，如图 10-22 所示。

5 一局棋结束后，可再次单击"开始"按钮继续游戏。

↻ 图 10-22

🔧 小提示：棋盘下方为己方，棋盘上方为对手。

10.4 惩凶斗恶——斗地主

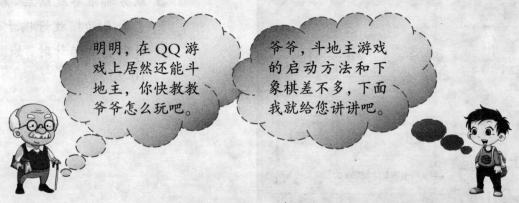

明明，在 QQ 游戏上居然还能斗地主，你快教教爷爷怎么玩吧。

爷爷，斗地主游戏的启动方法和下象棋差不多，下面我就给您讲讲吧。

　　"斗地主"是目前非常流行的一种牌类游戏，该游戏由三人玩一副牌，地主为一方，其余两家为另一方，双方看谁先出完手中牌，先出完的一方为胜，在 QQ 游戏大厅中斗地主的方法如下。

10.4.1 选择牌桌 ▮▮▮

　　在斗地主之前需要选择有空位的牌桌，具体操作步骤如下。

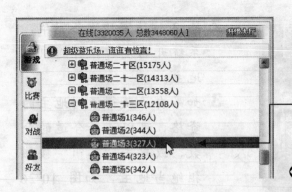

1 在游戏列表中展开"斗地主"分支。

2 在其中选择游戏区,并双击某一场,如图 10-23 所示。

◐ 图 10-23

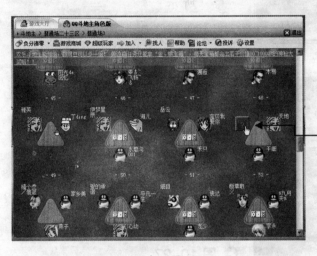

3 进入游戏房间后可以看见许多张游戏桌,每桌可坐 3 个玩家。

4 找一个空位并单击坐下,如图 10-24 所示。

◐ 图 10-24

10.4.2　开始游戏 ‖‖‖

　　选择好牌桌,待人员到齐后就可以进行游戏了,具体操作步骤如下。

1 在弹出的游戏窗口中单击"开始"按钮,如图 10-25 所示。

◐ 图 10-25

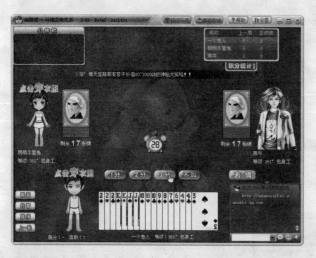

2 待 3 位玩家均准备完毕，系统开始发牌，并随机叫地主。

3 如果自己获得了叫地主的资格，可以选择合适的分数，或单击"不叫"按钮拒绝当地主，如图 10-26 所示。

◑ 图 10-26

4 在游戏过程中需要自己出牌时，单击要出的牌将其抽出。

5 单击"出牌"按钮或单击鼠标右键即可出牌，如图 10-27 所示。

◑ 图 10-27

6 轮到自己出牌时可选择出牌或单击"不出"按钮跳过，如图 10-28 所示。

◑ 图 10-28

 小提示：出牌顺序为逆时针方向，并限制每轮出牌时间，应该在出牌时间消耗完之前出牌，否则系统会随机出牌。

◐ 图 10-29

◐ 图 10-30

7 一局游戏结束后会弹出本局的得分结果，如图 10-29 所示。

8 单击"确定"按钮继续下一局，关闭游戏窗口即可退出游戏。

小提示：在游戏窗口右上角也可以查看当前的积分，如图 10-30 所示。

10.5　活学活用——与网友一起玩"双扣"

　　本章主要介绍了 QQ 游戏的相关知识，并详细介绍了"中国象棋"和"斗地主"两种游戏的操作方法。下面就运用所学知识在 QQ 游戏大厅中与网友一起玩"双扣"。

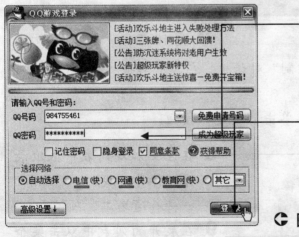

◐ 图 10-31

1 启动 QQ 游戏，在弹出的"QQ 游戏登录"对话框中输入 QQ 账号和密码。

2 单击"登录"按钮，如图 10-31 所示。

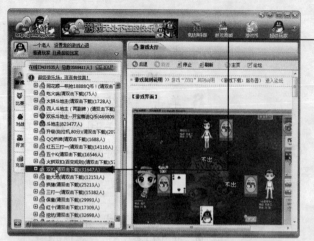

3 自动登录游戏大厅后，在左侧游戏列表中双击需要玩的游戏，如"双扣"，如图 10-32 所示。

🔁 图 10-32

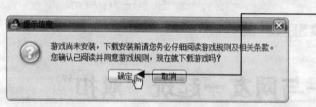

🔁 图 10-33

4 在弹出的"提示信息"对话框中，单击"确定"按钮下载该游戏，如图 10-33 所示。

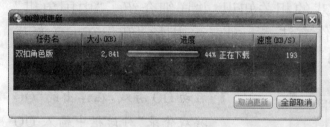

5 在弹出的"QQ 游戏更新"对话框中开始自动进行下载，如图 10-34 所示。

🔁 图 10-34

6 下载完成后会弹出"用户账户控制"对话框，在其中单击"继续"按钮后开始自动安装游戏。

7 安装完成后会弹出提示对话框，单击"确定"按钮。

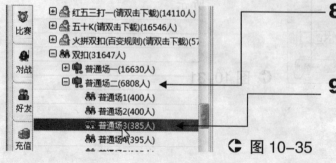

🔁 图 10-35

8 在左侧游戏列表中依次展开"牌类游戏"→"双扣"→"普通场二"项。

9 在展开的列表中双击某个场所，如"普通场3"，如图 10-35 所示。

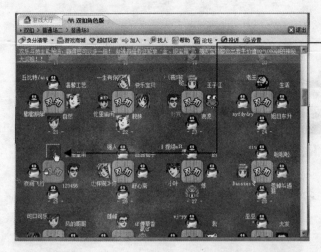

10 进入指定房间后，找一个空位并单击坐下，如图 10-36 所示。

➲ 图 10-36

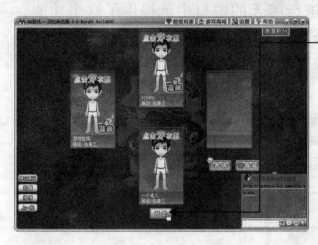

11 在弹出的游戏窗口中单击"开始"按钮准备游戏，如图 10-37 所示。

12 所有玩家准备就绪后，即可开始进行游戏。

➲ 图 10-37

10.6 疑难解答

：明明，游戏房间里有好多人啊，一个空位都找不到，该怎么办呢？

：爷爷，QQ 游戏的在线玩家非常多，所以很多时候房间都是爆满。您在选择房间的时候应该选择人数不要太多的房间就可以了。此外，您单击"加入"按钮可以自动找空位，并加入游戏，如

图 10-38 所示。

◐ 图 10-38

：明明，我想叫你王爷爷一起去下象棋，该怎么操作呢？

：爷爷，在与王爷爷进行聊天的窗口中就提供了这个功能，只要在工具栏中切换到"娱乐"选项卡，然后单击"与好友进行 QQ 游戏"按钮，在展开的下拉菜单中选择想要玩的游戏即可，如图 10-39 所示。

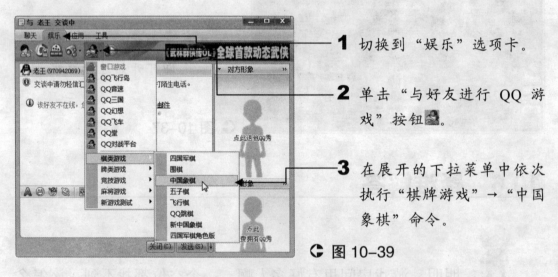

1 切换到"娱乐"选项卡。

2 单击"与好友进行 QQ 游戏"按钮。

3 在展开的下拉菜单中依次执行"棋牌游戏"→"中国象棋"命令。

◐ 图 10-39

反侵权盗版声明

  电子工业出版社依法对本作品享有专有出版权。任何未经权利人书面许可，复制、销售或通过信息网络传播本作品的行为；歪曲、篡改、剽窃本作品的行为，均违反《中华人民共和国著作权法》，其行为人应承担相应的民事责任和行政责任，构成犯罪的，将被依法追究刑事责任。

  为了维护市场秩序，保护权利人的合法权益，我社将依法查处和打击侵权盗版的单位和个人。欢迎社会各界人士积极举报侵权盗版行为，本社将奖励举报有功人员，并保证举报人的信息不被泄露。

举报电话：(010)88254396；（010）88258888

传 真：(010)88254397

E - mail：dbqq@phei.com.cn

通信地址：北京市万寿路 173 信箱

     电子工业出版社总编办公室

邮 编：100036